计算机系统维护

主　审　史志英
主　编　马　琰
副主编　史志伟　郑　洲　徐　霖

东南大学出版社
·南京·

内容简介

本书是面向工科专业计算机系统维护课程的教材。本书内容紧扣国家对高职高专培养高级应用型、复合型人才的技能水平和知识结构要求,参照《中华人民共和国执业技能鉴定规范》中的"计算机维修工(中级)"职业技能要求编写。学习内容包括:计算机主机配件的选购、计算机外部设备的选购、计算机硬件的安装、BIOS 的设置、硬盘的初始化、计算机软件的安装、计算机病毒及处理、计算机的日常维护与保养、计算机常见故障处理。本书收集了大量实物图、总结了很多的计算机软硬件系统经验与方法,内容浅显易懂,实用性强。

适合于高职高专、成人高校本专科和中职中专各专业计算机系统维护类课程的教学,亦可以作为计算机爱好者学习系统维护维修技术的参考书。

图书在版编目(CIP)数据

计算机系统维护 / 马琰主编. — 南京:东南大学
出版社,2016.7(2019.8 重印)
 ISBN 978-7-5641-6605-2

Ⅰ.①计… Ⅱ.①马… Ⅲ.①计算机维护-高等职业
教育-教材 Ⅳ.①TP307

中国版本图书馆 CIP 数据核字(2016)第 154722 号

计算机系统维护

出版发行:东南大学出版社
社　　址:南京市四牌楼 2 号　邮编:210096
出 版 人:江建中
责任编辑:史建农
网　　址:http://www. seupress. com
电子邮箱:press@seupress. com
经　　销:全国各地新华书店
印　　刷:虎彩印艺股份有限公司
开　　本:787 mm×1092 mm　1/16
印　　张:15.25
字　　数:370 千字
版　　次:2016 年 7 月第 1 版
印　　次:2019 年 8 月第 3 次印刷
书　　号:ISBN 978-7-5641-6605-2
定　　价:35.00 元

(本社图书若有印装质量问题,请直接与营销部联系。电话:025 - 83791830)

前　言

随着微型计算机技术的快速发展,计算机各类应用已经渗透到人们工作、生活和学习中的各个方面。然而,微机的硬件、软件更新速度相当快,使得选购一台合适的微型计算机变得越来越困难;同时,微机在使用过程中不可避免地会出现各类软、硬件故障,往往会使我们的工作无法正常开展,甚至造成重大损失。因此,学会选购一台适合自己的微机,能够做好日常维护工作,并及时排除故障,保证微机高效、稳定地运行,已经成为广大读者的迫切需求。对于高职高专学生来说,掌握一些计算机系统维护的知识与技能显得非常有必要。

按照"以学生为主体,以能力为本位,以行动为导向"的职业教育理念,根据计算机导购员、计算机系统安装工、系统维护工等岗位需求,确定本教程的整体目标为:

(1)认识微型计算机各部件,了解其工作原理及性能指标,了解并会选购计算机主流配置。

(2)掌握微型计算机硬件组装、硬盘分区及格式化、操作系统及应用软件的安装。

(3)会进行 BIOS 设置,掌握计算机操作系统优化方法,会进行计算机的病毒与木马防治、查杀。

(4)掌握微型计算机常见软硬件故障判断及处理方法。

本书内容新颖、图文并茂,根据职业教育的特点,将理论与实践的内容进行整合,旨在帮助读者学会微型计算机的选购、组装,在没有专业工具和仪器的情况下能对软、硬件故障进行判断、检测与维护。本书学习内容包括:计算机主机配件的选购、计算机外部设备的选购、计算机硬件的安装、BIOS 的设置、硬盘的初始化、计算机软件的安装、计算机病毒及处理、计算机的日常维护与保养、计算机常见故障处理。

参加本书编写的有:无锡工艺职业技术学院马琰(第1~3章)、郑洲(第4~6章)、徐霖(第7章、第8章部分),宜兴市广播电视台史志伟(第8章部分、第9章)。本书由马琰担任主编并负责统稿,史志伟、郑洲、徐霖任副主编,史志英担任主审。另外,在本书的编写过程中还得到多位老师和专家的帮助,在此一并表示感谢。

由于编者水平有限,书中难免存在疏漏和不足之处,恳请各位读者批评指正。

编　者

目　　录

1

计算机主机配件

1.1 主板的选购

对于一台电脑来说,主板、CPU 和内存应该是它最核心的部件,它们决定了一台电脑的性能。主板是电脑系统中最大的一块电路板,它的英文名字叫做"Mainboard"或"Motherboard"。主板上布满了各种电子元件、插槽、接口等。它为 CPU、内存和各种功能卡(如显示卡、声卡、网卡等)提供安装插槽;为各种磁光存储设备、打印和扫描等 I/O 设备以及数码相机、摄像头、"猫"(Modem,即调制解调器)等多媒体和通信设备提供接口,电脑通过主板将 CPU 等各种器件和外部设备有机地结合起来形成一套完整的系统。

主板的选择一直是 DIY 装机的重中之重,一块高性能的主板对计算机的性能起着重要的作用。

要选择一块合适自己的主板,先要了解主板的组成,然后要了解主板的板型,第三要了解目前主板的主流产品,这样才能选择满足自己要求的主板。

1.1.1 认识主板的组成

主板上分布着各种电子元件、插座、插槽、接口等,它们把电脑的 CPU、内存和各种外围设备有机地联系在一起。如图 1-1 所示。

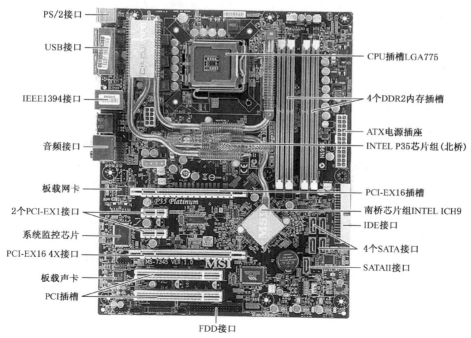

图 1-1　主板结构图

1. 北桥芯片

北桥芯片（North Bridge）是主板芯片组中起主导作用的最重要的组成部分，也称为主桥（Host Bridge），如图 1-2 所示。北桥芯片负责与 CPU 的联系并控制内存、AGP、PCI-E数据在北桥内部传输，提供对 CPU 的类型和主频、系统的前端总线频率、内存的类型（SDRAM、DDR、DDR2 以及主流的 DDR3等）和最大容量、AGP 插槽、PCI-E 插槽、ECC 纠错等的支持，整合型芯片组的北桥芯片还集成了显卡。北桥芯片通常在主板上靠近 CPU 插槽的位置。

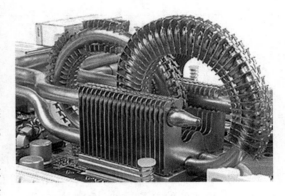

图 1-2 带散热风扇的北桥

2. 南桥芯片

南桥芯片（South Bridge）也是主板芯片组的重要组成部分。主要负责 I/O 总线之间的通信以及 IDE 设备的控制等。例如 Intel 的 P35 芯片组所搭配的南桥芯片就是 ICH9 系列，如图 1-3 所示。

图 1-3 MSI P35

3. CPU 插槽

CPU 采用的接口方式有引脚式、卡式、触点式、针脚式等，如图 1-4、1-5 所示。而目前 CPU 的接口主要是针脚式接口，对应到主板上就有相应的插槽类型。不同类型的 CPU 具有不同的 CPU 插槽，因此选择 CPU，就必须选择带有与之对应插槽类型的主板。主板 CPU 插槽类型不同，插孔数、体积、形状都有变化，所以不能互相接插。

4. 内存插槽

内存插槽是主板上用来安装内存的地方。不同类型的内存插槽的引脚、电压、性能、功能都是不尽相同的，不同的内存在不同的内存插槽上不能互相兼容。SDRAM（同步动态随机存储器）有 PC66、PC100、PC133 等不同规格，SDRAM 内存金手指上有两个缺口。DDR 内存金手指有一个缺口。

图 1-4　Socket 775

图 1-5　Socket AM2

DDR3 是现时流行的内存产品规格,如图 1-6 所示。它属于 SDRAM 家族的内存产品,提供了相较于 DDR2 SDRAM 更高的运行效能与更低的电压,是 DDR2 SDRAM 的后继者。虽然和 DDR2 金手指同样有一个缺口,但两者缺口的位置略有不同,所以不可兼容。

图 1-6　DDR3 内存插槽

5. 总线扩展槽

PCI 插槽是基于 PCI(Peripheral Component Inter-connect,周边元件扩展接口)局部总线的扩展插槽。其位宽为 32 位或 64 位,工作频率为33 MHz,最大数据传输率为 133 MB/s(32 位)和 266 MB/s(64 位)。可插接显卡、声卡、网卡、内置Modem、内置 ADSL Modem、USB 2.0 卡、IEEE1394 卡、IDE 接口卡、RAID 卡、电视卡、视频采集卡以及其他种类繁多的扩展卡,如图 1-7 所示。有些主板还会提供迷你 PCI-E 接口,用于插接无线网卡等设备,如图 1-8 所示。

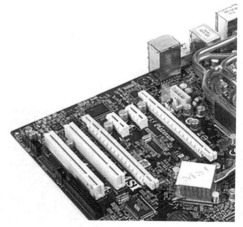

图 1-7　PCI 插槽

6. 内部接口

IDE 的英文全称为"Integrated Drive Electronics",即"电子集成驱动器",IDE 接口有 ATA33/66/100/133 几种规格,主要用来连接硬盘和光驱等设备,如图 1-9 所示。

图 1-8　可接无线网卡的 PCI‑E 接口

图 1-9　IDE 接口

7. SATA 插槽

SATA(Serial ATA)采用串行连接方式,串行 ATA 总线使用嵌入式时钟信号,具备了更强的纠错能力。串行接口还具有结构简单、支持热插拔的优点,如图 1-10 所示。

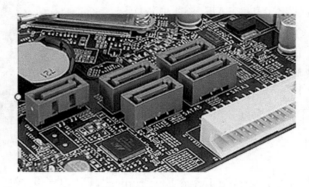

图 1-10　SATA 接口

8. 外部接口（如图 1-11 所示）

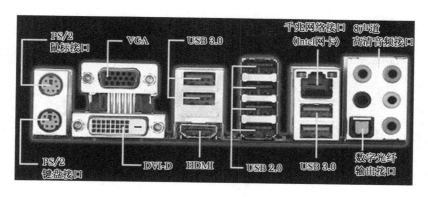

图 1-11　外部接口

（1）键盘鼠标 PS/2 接口

每台电脑基本都配备键盘和鼠标的 PS/2 接口，紫色的接键盘，绿色的接鼠标。但 Intel 下一代的 ICH10 的南桥规格中，将会取消 PS/2 键盘鼠标接口，全面采用 USB 接口代替。

（2）USB 接口

USB 是一个外部总线标准，用于规范电脑与外部设备的连接和通信。USB 接口支持设备的即插即用和热插拔功能。USB 接口可用于连接多种外部设备：如鼠标、调制解调器和键盘等。USB 自从 1996 年推出后，已成功替代串口和并口，并成为当今个人电脑和大量智能设备必配的接口之一。

USB 使用一个四针的插头作为标准插头，采用菊花链形式可以把所有的外部设备连接起来。从理论上来讲，可以同时连接 127 个 USB 设备，并且这些设备可以同时工作。但实际上因为某些设备会占用 USB 的带宽造成了能同时工作的 USB 设备数目小于理论的数目。

USB 到现今为止，已经发展了 3 个版本，分别为：1996 年推出的第一代 USB 1.0/1.1 的最大传输速率为 12 Mbps；2002 年推出的第二代 USB 2.0 的最大传输速率高达 480 Mbps；目前最新的 USB 3.0 标准的最大传输速率达到了 USB 2.0 的 10 倍，高达5.0 Gbps。

（3）视频接口

目前在高清设备中，主要的接口有 DVI、HDMI、VGA 接口，其中 VGA 传输的是模拟视频信号，DVI 传播的是数字视频信号，HDMI 可以同时传输数字视频信号和数字音频信号。视频接口的发展经历是：VGA→DVI→HDMI。

VGA（Video Graphics Array）视频图形阵列是 IBM 于 1987 年提出的一个使用模拟信号的电脑显示标准。VGA 接口是电脑采用 VGA 标准输出数据的专用接口。VGA 接口共有 15 针，分成 3 排，每排 5 个孔，VGA 接口是显卡上应用最为广泛的接口类型，绝大多数显卡都带有此种接口。接口处可以判断显卡是独显还是集成显卡，VGA 接口竖置的说明是集成显卡，VGA 接口横置的说明是独立显卡（一般的台式主机都可以用此方法来查看）。VGA 接口主要用于老式的电脑输出。VGA 输出和传递的是模拟信号，计算机显卡产生的是数字信号，显示器使用的也是数字信号，所以使用 VGA 的视频接口相当于是经历了一个数模转换和一次模数转换,信号损失,显示较为模糊,如图 1-12 所示。

图 1-12　VGA 线　　　　图 1-13　DVI 线　　　　图 1-14　HDMI 线

　　DVI 接口(Digital Visual Interface)是 1999 年由数字显示工作组 DDWG 推出的接口标准,其造型是一个 24 针的接插件,是专为 LCD 显示器这样的数字显示设备设计的。DVI 接口有多种规格,分为 DVI-A、DVI-D 和 DVI-I。DVI 接口传输的是数字信号,可以传输大分辨率的视频信号。DVI 连接计算机显卡和显示器时不用发生转换,所以信号没有损失,如图 1-13 所示。

　　HDMI 高清晰度多媒体接口(High Definition Multimedia Interface)是一种数字化视频/音频接口技术,是适合影像传输的专用型数字化接口,其可同时传送音频和影像信号,最高数据传输速度为 2.25 GB/s。HDMI 接口传输的也是数字信号,所以在视频质量上和 DVI 接口传输所实现的效果基本相同,HDMI 接口还能够传送音频信号。假如显示器除了有显示功能,还带有音响时,HDMI 的接口可以同时将电脑视频和音频的信号传递给显示器,如图 1-14 所示。

1.1.2　认识主板的板型

　　主板的板型,是指主板上各元器件的布局排列方式。主板结构分为 AT、Baby-AT、ATX、Micro ATX、LPX、NLX、Flex ATX、EATX、WATX 以及 BTX 等结构。其中,AT 和 Baby-AT 是多年前的老主板结构,现在已经淘汰。而 LPX、NLX、Flex ATX 则是 ATX 的变种。EATX 和 WATX 则多用于服务器/工作站主板。ATX 是目前市场上最常见的主板结构。Micro ATX 又称 Mini ATX,是 ATX 结构的简化版,就是常说的"小板",而 BTX 则是 Intel 制定的最新一代主板结构。

1. AT 结构

　　AT 是最基本的板型,一般应用在 586 以前的主板上。AT 主板的尺寸较大,板上可放置较多元器件和扩充插槽。它是采用直式的设计,键盘插座所处边为上沿,主板的左上方有 8 个 I/O 扩充插槽。但是一些外设的接口(如:串口、并行口等)需要用电缆连接后再安装在机箱上,大量的线缆导致计算机内部结构复杂,视线混乱,布局不合理。

2. ATX 结构(最常见的板型)

　　ATX 是目前最常见的主板结构。ATX 结构中具有标准的 I/O 面板插座,扩展插槽较多,PCI 插槽数量在 4~6 个,目前大多数主板都采用此结构;其尺寸为 159 mm×44.5 mm。另外在主板设计上,由于横向宽度加宽,内存插槽可以紧挨最右边的 I/O 槽设计,CPU

插槽也设计在内存插槽的右侧或下部,使 I/O 槽上插全长板卡不再受限,内存条更换也更加方便快捷。

3. Micro ATX 结构(很多集显板常用的板型)

Micro ATX 也称 Mini ATX 结构,它是 ATX 结构的简化版。Micro ATX 规格被推出的最主要目的是为了降低个人电脑系统的总体成本与减少电脑系统对电源的需求量。Micro ATX 结构的主要特性:更小的主板尺寸、更小的电源供应器,减小主板与电源供应器的尺寸直接反映的就是对于电脑系统的成本下降。Micro ATX 支持最多四个扩充槽,这些扩充槽可以是 PCI - E、PCI 或 AGP 等各种规格的组合,视主板制造厂商而定。

4. Flex ATX 结构

Flex ATX 也称为 WTX 结构,它是 Intel 最新研制的,引入 All-in-one 集成设计思想,使结构精炼简单、设计合理。Flex ATX 架构的最大好处,是比 Micro ATX 主板面积还要小三分之一左右,使机箱的布局更为紧凑。

5. BTX 结构

BTX 是 Intel 提出的新型主板架构 Balanced Technology Extended 的简称,是 ATX 结构的替代者,这类似于前几年 ATX 取代 AT 和 Baby AT 一样。革命性的改变是新的 BTX 规格能够在不牺牲性能的前提下做到最小的体积。新架构对接口、总线、设备将有新的要求。重要的是目前所有的杂乱无章、接线凌乱、充满噪音的 PC 机将很快过时。当然,新架构仍然提供某种程度的向后兼容,以便实现技术革命的顺利过渡。

1.1.3　拓展知识

1. 主板核心组件

(1)芯片组

主要分为 Intel 芯片组和 AMD 芯片组,图 1-15 为 Intel H67 芯片组规格图。

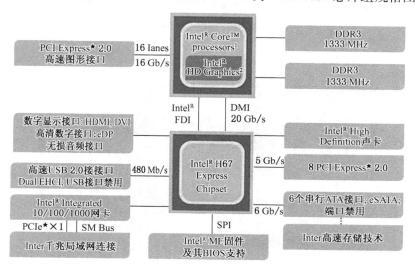

图 1-15　Intel H67 芯片组规格图

（2）CPU 插座

Intel 系列 CPU 插座如图 1-16 所示。

图 1-16　LGA1150 CPU 插座（Intel 第四代 CPU 架构 Haswell 的最新接口）

AMD 系列 CPU 插座如图 1-17 所示。

图 1-17　FM2＋CPU 接口（AMD 系列最新接口）

（3）内存插槽如图 1-18 所示。

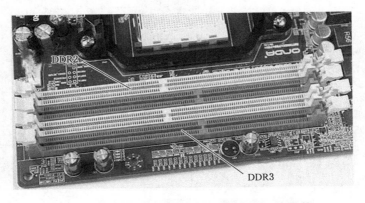

图 1-18　DDR2 与 DDR3 内存插槽（两者不能同用）

（4）主板电源插座如图 1-19、图 1-20 所示。

图 1-19　主板电源插头及其插入插座的连接方式

图 1-20　ATX 24 针电源接口

（5）CPU 风扇插座

Intel 从 915 主板芯片就开始引入了 4PIN 风扇接口，比起传统的 3PIN，该接口最大的改进是支持 PWM 温度控制，可根据 CPU 的温度对风扇进行调速，用户可以在 BIOS 设置这个温度的范围，使散热效能和风扇噪音处于一个平衡点，如图 1-21 所示。

图 1-21　CPU 风扇电源接口

（6）主板输入/输出

主板输入/输出主要有如下接口：

IDE1 和 IDE2；Floppy；COM1 和 COM2；LPT1；PS/2 MS；PS/2 KB；USB 接口；IEEE-1394 接口等。

（7）总线扩展槽

总线扩展槽是主机与外部设备联系和扩展功能的桥梁。

ISA：Industry Standard Architecture（工业标准结构）；

EISA：Extended Industry Standard Architecture（扩展工业标准结构）；

PCI：Peripheral Controlled Interface（外围控制器接口）；

AGP：Accelerated Graphics Port（加速图形端口），只用于显卡。

2. 目前主流产品介绍

（1）华硕 ASUS_Z97A（IntelZ97_LGA1150 芯片组）（如图 1-22 所示）

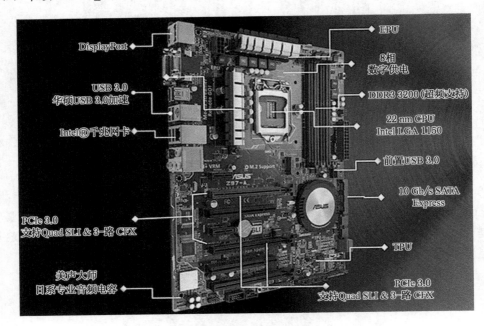

图 1-22　华硕 ASUS_Z97A

（2）华硕（ASUS）A88X－PLUS 主板（AMD A88/LGA FM2＋芯片组）（如图 1-23 所示）

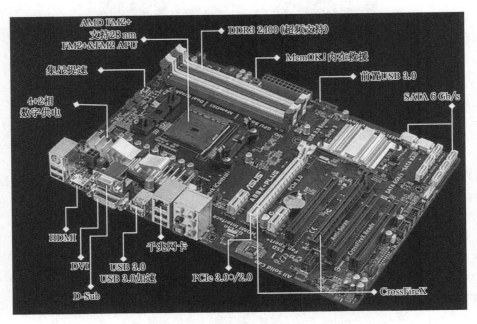

图 1-23　华硕（ASUS）A88X－PLUS 主板

1.2　CPU 的选购

CPU(Central Processing Unit)，又称为微处理器。主要由运算器和控制器组成,是微型计算机硬件系统中的核心部件,起着控制整个微型计算机系统的作用。对于一台电脑系统,CPU 的作用就像心脏在身体里作用一样重要。CPU 在整个微机系统的核心作用,足以作为划分 CPU 档次的标准,这使它几乎成为各种微机档次的代名词。

要选择一块适合自己主板的 CPU,先要了解 CPU 的种类,再了解 CPU 的性能指标,最后还要了解 Intel 系列和 AMD 系列 CPU 的各自特点,才能为自己心目中的主板量身定制一块绝配的 CPU。

1.2.1　认识 CPU 分类

目前生产 CPU 芯片的公司主要有 Intel 和 AMD 两家。Intel 公司生产的 CPU 始终占有相当大的市场。Intel 公司生产的 CPU 主要有赛扬系列、奔腾系列、酷睿系列等。AMD 公司的 CPU 占有相当的市场份额。AMD 公司生产的 CPU 主要有闪龙系列、速龙、APU 系列等。

在装机过程中,首要任务就是确定主板和处理器的类型。到底该选择 Intel 还是 AMD 平台呢? 相信这个问题困扰着许多入门级消费者,其实无论 Intel 还是 AMD 平台都有许多非常值得购买的产品。每个时期高、中、低端都能涌现出非常经典的处理器,如图 1-24,图 1-25 所示。

图 1-24　AMD FX 8150 处理器

图 1-25　Intel 酷睿 i7 920 处理器

1.2.2　认识 CPU 的性能指标

在过去几年,Intel 有意识地改变 CPU 传统的单一"主频"标准为多技术参数综合标准。也就是说,现在依靠 CPU 的主频并不能完全说明其技术性能。一个完整的处理器号(参数)应包括:体系架构、高速缓存、主频、前端总线、其他 Intel 技术。

1. 主频

主频也叫时钟频率,单位是 MHz,用来表示 CPU 的运算速度。CPU 的主频＝外频×

倍频系数。很多人认为主频就决定着 CPU 的运行速度,这种说法是片面的,主频仅仅是 CPU 性能表现的一个方面,而不代表 CPU 的整体性能。

2. 外频、前端总线频率、倍频系数

外频就是外部时钟频率,它是 CPU 与主板之间同步运行的速度。Intel 给它命名为系统总线频率或者前端总线频率。当初前端总线频率一直是与外部时钟频率相同,它们之间没有什么区别;但是在 P4 CPU 采用全新的总线结构之后,情况发生了变化。这种总线每个周期发送 4 次数据,那么外部时钟频率为 100 MHz 的总线传输速率相当于达到了 400 MHz,所以衡量总线速度的前端总线频率成为人们最为关注的 CPU 参数,一般根据这个参数选择合适的 CPU。

前端总线频率影响 CPU 与内存进行数据交换的速度。数据传输的最大带宽也称为 CPU 总线带宽,它取决于数据路径的宽度和前端总线频率,它们之间的关系是:

CPU 总线带宽(MB/s)=前端总线频率(MHz)×数据字长(b)÷8

例如,Intel Pentium D 的前端总线频率为 800 MHz,数据字长为 64 bit,那么 FSB 带宽为 800 MHz×64 bit÷8=6.4 GB/s。主频、外部时钟频率和倍频系数之间的关系可以表示如下:

倍频系数=主频÷外部时钟频率

例如,Intel Pentium D 的外部时钟频率为 200 MHz。采用 15 倍频,内部时钟频率就是 200 MHz×15=3 GHz。

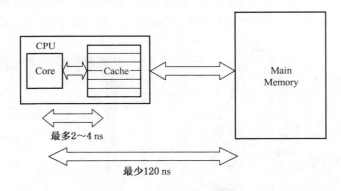

图 1-26　CPU 缓存架构图

3. 高速缓存

CPU 工作时需要与存储程序或者数据的内存(RAM)进行数据交换。从 RAM 中读取数据,再把计算的中间结果或最终结果送到 RAM 中保存。RAM 包括 SRAM(静态 RAM)和 DRAM(动态 RAM)。DRAM 价格比较便宜,但是速度比较慢,远远不能与 CPU 的速度匹配,也就是说 CPU 与它进行数据交换时会总是在等待它。SRAM 的速度很快,可以完全与 CPU 速度匹配,但是它的价格是 DRAM 的 10 倍多。折中的办法是用少量的 SRAM 存放经常使用的或重要的数据,大量的、不重要的或不经常使用的数据存放在 DRAM 之中。

CPU 缓存(Cache Memory)是指可以直接与 CPU 进行高速数据交换的存储器(图 1-26),是位于 CPU 与内存之间的临时存储器,它的容量比内存小得多,但是交换速度却比内存要快得多。高速缓存的出现主要是为了解决 CPU 运算速度与内存读写速度不匹配的矛盾，因为 CPU 运算速度要比内存读写速度快很多，这样会使 CPU 花费很长时间等待数据到来或把数据写入内存。在缓存中的数据是内存中的一小部分，但这一小部分是短时间内 CPU 即将访问的，当 CPU 调用大量数据时，就可避开内存直接从缓存中调用，从而加快读取速度。实际上，高速缓存就是 CPU 的"贴身秘书"，它协助 CPU 存储一些经常使用的重要数据。

4. 核心电压

随着 CPU 内部时钟频率不断提高，CPU 芯片的集成度越来越高，发热量越来越大，这就要求 CPU 的工作电压不断降低。例如 80486DX4 的工作电压是 5V，Pentium Pro/Ⅱ 的工作电压是 1.5V，Pentium D 的工作电压为 1.25～1.4V，而 Pentium M 的工作电压降到了 1.1～1.3V，目前 Core i7 4771(64 位四核处理器)的核心电压在 1.5V 左右。CPU 的核心电压越高，发热量越大；核心电压越低，发热量越小。

5. 字长

在数字技术中采用二进制数据，数码只有"0"和"1"。无论是"0"还是"1"，在 CPU 中都是一位(1bit)。CPU 在一次操作中能够处理的最大二进制数的位数称为字长。8088 到 80286 都使用 16 位字；80386 到 Pentium Pro/Ⅱ 和 PⅢ/Celeron/Xeon 使用 32 位字；P4 虽然也是 32 位，但其浮点和多媒体寄存器已经增加到 128 位；Itanium、Itanium 2、Opteron 芯片的字长增加到 64 位。字长越长，芯片的运算速度就越快。

6. 核心代号

核心代号是制造商为了便于 CPU 设计、生产和销售管理给各种 CPU 设置的一个相应的代号。不同系列的 CPU 会有不同的核心代号。甚至同一系列的 CPU 也会有不同的核心代号，而且同一种核心会有不同的版本。核心代号代表了 CPU 的制造工艺、核心面积、核心电压、主频范围、接口类型以及前端总线频率等主要技术参数。因此，核心代号在某种程度上决定了 CPU 的工作性能。一般来说，推出时间越晚的核心代号比之前的核心代号具有更好的性能。例如，Intel 系列 CPU 第四代架构核心代号 Haswell，AMD 系列 CPU 的核心代号 Kaveri 等。

7. 制造工艺

制造工艺用来表示组成芯片的电子线路或元件的细密程度，通常用 μm(微米)或者 nm (纳米)表示。1 μm＝1 000 nm。随着计算机技术及制造工艺的发展，CPU 的功能越来越强，体积却越来越小。Pentium D 3.0G 的制造工艺已经达到 65 nm。目前英特尔(Intel)i7 的制造工艺已经达到 22 nm。

1.2.3 Intel 双核和 AMD 双核的区别

1. 从性能上来说

AMD：重视 3D 处理能力，AMD 同档次处理器 3D 处理能力是 Intel 的 120%。AMD 在游戏方面能力尤其优越，浮点运算能力超群。并且由于内存控制器内置 CPU，所以处理器对内存频率要求更低。同样内存，用在 AMD 上速度比 Intel 上稍微快 10%。

Intel：基本上是 MMX(Multi-media Extensions 多媒体扩展)起家的，所以 Intel 更重视的是视频的处理速度，Intel 的优点是视频解码能力优秀和办公能力优秀，并且重视数学运算，在纯数学运算中，Intel 同档次 CPU 比 AMD 快 35％。当然，我们不搞科学，纯数字运算很难遇到。在游戏中，Intel 同档次 CPU 比 AMD 慢 20％，3D 处理是弱项。但是视频解码和视频编辑，Intel 比 AMD 快 20％，如图 1-27 所示。

图 1-27　AMD 处理器针脚式；Intel 处理器触点式

2. 从价钱看

AMD 由于设计原因，L2 Cache 小，所以成本更低。因此，在市场货源充足的情况下，AMD 同档次处理器比 Intel 处理器的价格低 10％～20％。但是现在 AMD 很抢手，所以价钱偏高。所以，选购家用电脑时如果很少玩游戏并且不考虑预算的话，Intel 是首选；游戏或者 3D 作图的话，AMD 是首选。

同价位的 CPU 用起来几乎感觉不出差别，所谓的差距都是在理论分析和测试上体现出来的。高端到发烧级别的 CPU 基本上只有 Intel 可以选择。两者也不能说谁更先进，论超频，AMD 还是优于 Intel，论稳定性，就反过来了。

1.3　内存的选购

内存是主板上安装的重要部件之一，它是存储数据与程序的记忆部件。内存的作用是暂时存储一些需要查看或操作的文件和应用程序，供用户进行处理。内存可以说是 CPU 处理数据的"大仓库"，所有经过 CPU 处理的指令和数据都要经过内存传递到电脑其他配件上，因此内存做工的好坏，直接影响到系统的稳定性。

内存的发展速度非常之快，内存的选购需要了解内存的分类，并掌握内存的主要技术指标，这样我们才能选择适合自己计算机的内存。

1.3.1　认识内存的分类

1. 按内存条的接口分类

常见内存条有两种：单列直插内存条（SIMM）和双列直插内存条（DIMM）。而笔记本内存插槽则是在 SIMM 和 DIMM 插槽基础上发展而来，基本原理并没有变化，只是在针脚数上略有改变。

金手指（Connecting-finger）是内存条上与内存插槽之间的连接部件，所有的信号都是通过金手指进行传送的。金手指由众多金黄色的导电触片组成,因其表面镀金而且导电触片排列如手指状,所以称为金手指。金手指实际上是在覆铜板上通过特殊工艺再覆上一层金,因为金的抗氧化性极强,而且传导性也很强,如图 1-28 所示。不过,因为金昂贵的价格,目前较多的内存都采用镀锡来代替。从 20 世纪 90 年代开始,锡材料就开始普及,目前主板、内存和显卡等设备的金手指,几乎都是采用的锡材料,只有部分高性能服务器/工作站的配件接触点,才会继续采用镀金的做法,价格自然不菲。

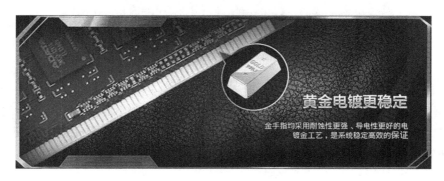

图 1-28 采用黄金电镀的金手指

内存的"线"数(Pin)是指内存条与主板插接时的接触点数,这些接触点就是"金手指"。目前,SDRAM 内存条采用 168 线,DDR 内存条采用 184 线,RDRAM 内存条采用 184 线,DDRII 采用 240 线,DDR3 也为 240 线。内存处理单元的所有数据流、电子流,正是通过金手指与内存插槽的接触与 PC 系统进行交换,是内存的输出输入端口。因此,其制作工艺,对于内存连接显得相当重要。

SIMM(Single Inline Memory Module,单列直插内存模块)是一种两侧金手指都提供相同信号的内存结构。内存条通过金手指与主板连接,内存条正反两面都带有金手指。金手指可以在两面提供不同的信号,也可以提供相同的信号。

在内存发展进入 SDRAM 时代后,SIMM 逐渐被 DIMM 技术取代。

DIMM(Dual Inline Memory Module,双列直插内存模块)与 SIMM 相当类似,不同的只是 DIMM 的金手指两端不像 SIMM 那样是互通的,它们各自独立传输信号。因此,可以满足更多数据信号的传送需要。

2. 按内存的工作分类

内存又有 FPA、EDO、DRAM 和 SDRAM(同步动态 RAM)等形式。

RDRAM 存储器(总线式动态随机存取存储器),如图 1-29 所示。RDRAM 是 RAMBUS 公司开发的具有系统带宽、芯片到芯片接口设计的新型 DRAM,能在很高的频率范围内通过一个简单的总线传输数据。同时使用低电压信号,在高速同步时钟脉冲的两边沿传输数据。

(1) SDRAM

SDRAM 从发展到现在已经经历了四代,分别是:第一代 SDR SDRAM,第二代 DDR SDRAM,第三代 DDR2 SDRAM,第四代 DDR3 SDRAM。

SDRAM 内存又分为 PC66、PC100、PC133 等不同规格,比如 PC100,说明此内存可以

图 1-29　RDRAM 内存

在系统总线为 100 MHz 的微机中同步工作。SDRAM 采用 3.3V 工作电压,168 线的 DIMM 接口,带宽为 64 位。SDRAM 不仅应用在内存上,在显存上也较为常见。但随着 DDR SDRAM 的普及,SDRAM 也正在慢慢退出主流市场。

(2) DDR SDRAM

DDR SDRAM(简称 DDR),是 Double Data Rate SDRAM 的缩写,是双倍速率同步动态随机存储器的意思。组装电脑的 DDR 内存是在 SDRAM 内存基础上发展而来的,仍然沿用 SDRAM 生产体系,因此对于内存厂商而言,只需对制造普通 SDRAM 的设备稍加改进,即可实现 DDR 内存的生产,可有效地降低成本。

从外形体积来看,DDR 与 SDRAM 相比差别并不大,它们具有同样的尺寸和同样的针脚距离。但 DDR 为 184 针脚,比 SDRAM 多出了 16 个针脚。主要包含了新的控制、时钟、电源和接地等信号针脚。DDR 内存采用的是支持 2.5V 电压的 SSTL2 标准,而不是 SDRAM 使用的 3.3V 电压的标准。

(3) DDR2 SDRAM

DDR2 SDRAM(简称 DDR2)是由 JEDEC(电子设备工程联合委员会)进行开发的新生代内存技术标准,它与上一代 DDR 内存技术标准最大的不同就是,虽然同是采用了在时钟的上升沿/下降沿同时进行数据传输的基本方式,但 DDR2 内存却拥有两倍于上一代 DDR 内存预读取能力(即 4bit 数据预读取)。换句话说,DDR2 内存每个时钟能够以 4 倍外部总线的速度读/写数据,并且能够以内部控制总线 4 倍的速度运行。

尽管 DDR2 内存采用的 DRAM 核心速度和 DDR 的一样,但是仍然要使用新主板才能搭配 DDR2 内存,因为 DDR2 的物理规格和 DDR 是不兼容的。DDR2 电压为 1.8V。

(4) DDR3

DDR3 相比起 DDR2 有更低的工作电压,从 DDR2 的 1.8 V 降落到 1.5 V,性能更好更为省电;DDR2 的 4 bit 预读升级为 8 bit 预读。DDR3 目前最高能够达到 1 600 MHz 的速度,由于目前最为快速的 DDR2 内存速度已经提升到 800 MHz/1 066 MHz 的速度,因而首批 DDR3 内存模组将会从 1 333 MHz 起跳。除了预取机制的改进,DDR3 内存还采用点对点的拓扑架构,以减轻地址/命令与控制总线的负担。此外,DDR3 内存将采用 100 nm 以下的生产工艺,并将工作电压从 1.8 V 降至 1.5 V,增加异步重置(Reset)与 ZQ 校准功能。

在性能方面,DDR3 内存拥有比 DDR2 内存好很多的带宽功耗比(Bandwidth per

watt),对比现有 DDR2 - 800 产品,DDR3 - 800、DDR - 1067 及 DDR - 1333 的功耗比分别为 0.72X、0.83X 及 0.95X,不单内存带宽大幅提升,功耗表现也好了很多。

DDR3 内存与我们平时熟悉的 DDR2 没有太大的改变,如果没有特别留意的话不容易从外观上区分开来。

3. DDR 产品系列发展历程

DDR 的读写频率从 DDR200 到 DDR400,DDR2 从 DDR2 - 400 到 DDR2 - 800,DDR3 从 DDR3 - 800 到 DDR3 - 1666。

DDR2 可以看作是 DDR 技术标准的一种升级和扩展:DDR 的核心频率与时钟频率相等,但数据频率为时钟频率的两倍,也就是说在一个时钟周期内必须传输两次数据。而 DDR2 采用"4 bit Prefetch(4 位预取)"机制,核心频率仅为时钟频率的一半,时钟频率为数据频率的一半,这样即使核心频率还在 200 MHz,DDR2 内存的数据频率也能达到 800 MHz,也就是所谓的 DDR2 800。

DDR3 内存相对于 DDR2 内存,其实只是规格上的提高,并没有真正的全面换代的新架构。DDR3 接触针脚数目同 DDR2 皆为 240 pin,但是金手指的缺口位置不同。其区别如图 1-30 所示。DDR3 在大容量内存的支持较好,而大容量内存的分水岭是 4 GB 这个容量,4 GB 是 32 位操作系统的执行上限,当市场需求超过 4 GB 的时候,64 位 CPU 与操作系统就是唯一的解决方案,此时也就是 DDR3 内存的普及时期。

图 1-30　金手指缺口位置

1.3.2　认识内存的技术指标

内存的时钟周期、存取时间和 CAS 延迟时间是衡量内存性能比较直接的重要参数,它们都可以在主板 BIOS 中设置。

1. 时钟周期(TCK)

TCK 表示内存时钟周期。它代表了内存可以运行的最大工作频率,数字越小说明内存所能运行的频率就越高。时钟周期与内存的工作频率是成倒数的,即 TCK=1/F。比如一块标有"-10"字样的内存芯片,"-10"表示它的运行时钟周期为 10 ns,即可以在 100 MHz 的频率下正常工作。

2. 存取时间(TAC)

TAC 表示"存取时间"。与时钟周期不同,TAC 仅仅代表访问数据所需要的时间。如一块标有"-7J"字样的内存芯片说明该内存条的存取时间是 7 ns。存取时间越短,则该内存条的性能越好,比如说两根内存条都工作在 133 MHz 下,其中一根的存取时间为 6 ns,另外一根是 7 ns,则前者的速度要好于后者。

3. CAS 延迟时间(CL)

CL(CAS Latency)是内存性能的一个重要指标,它是内存纵向地址脉冲的反应时间。

当电脑需要向内存读取数据时,在实际读取之前一般都有一个"缓冲期",而"缓冲期"的时间长度,就是这个 CL 了。内存的 CL 值越低越好,因此,缩短 CAS 的周期有助于加快内存在同一频率下的工作速度。

4. 奇偶校验(ECC)

内存是一种数据中转"仓库",而在频繁的中转过程中,一旦搞错了数据怎么办? 而 ECC 就是一种数据检验机制。ECC 不仅能够判断数据的正确性,还能纠正大多数错误。普通 PC 中一般不用这种内存,它们一般应用在高端的服务器电脑中。

5. SPD 芯片

SPD 是一个 8 针 256 字节的 EERROM(可电擦写可编程只读存储器)芯片。位置一般处在内存条正面的右侧,里面记录了诸如内存的速度、容量、电压与行、列地址、带宽等参数信息。当开机时,计算机的 BIOS 将自动读取 SPD 中记录的信息。SPD 信息一般都是在出厂前,由内存模组制造商根据内存芯片的实际性能写入 ROM 芯片中,如图 1-31 所示。

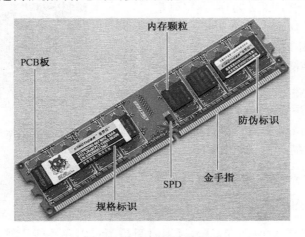

图 1-31　SPD 芯片等组成

6. 双通道技术

双通道内存技术其实是一种内存控制和管理技术,它依赖于芯片组的内存控制器发生作用,在理论上能够使两条同等规格内存所提供的带宽增长一倍。双通道内存技术是解决 CPU 总线带宽与内存带宽的矛盾的低价、高性能的方案。

双通道 DDR 有两个 64 bit 内存控制器,双 64 bit 内存体系所提供的带宽等同于一个 128 bit 内存体系所提供的带宽,但是二者所达到效果却是不同的。双通道体系包含了两个独立的、具备互补性的智能内存控制器,两个内存控制器都能够在彼此间零等待时间的情况下同时运作。两个内存控制器的这种互补"天性"可以让有效等待时间缩减 50%,双通道技术使内存的带宽翻了一番。

如果把 CPU 比作工厂,内存比作仓库,那么内存控制器就是仓库管理员。单通道就是工厂到仓库只有一个门、一个管理员,每次只能提一批货。双通道就是又盖了一个仓库,又多了一个管理员,同时给工厂提供原料,每次提供的原料多了一倍。我们加大内存就等于加大仓库,仓库大了,备货足,工厂不用老去外面买东西,生产速度自然快。仓库管理员多了一个，多了一个给工厂提供原料的出口，仓库向工厂提供原料的速度加快，工厂自然也快了，大概就是这个道理。

7. 四倍带宽内存技术

四倍带宽内存技术的英文全称是 Quad Band Memory，简称 QBM。QBM 并不是什么全新的内存架构，也不是什么全新的内存产品，其与双通道 DDR 技术一样，也是一种内存控制技术。QBM 采用一种"位填塞"机制，不需要更高时钟频率的内存组件，在不增加内存基准频率的条件下，QBM 可以利用现有的 DDR 内存和其他组件，实现 4 倍数据传输率。由于支持 QBM 技术的内存厂家不多，加上双通道内存技术及 DDR2 的出现，QBM 技术市场效果并不理想。

1.3.3　内存的工作原理

在计算机的组成结构中，有一个很重要的部分，就是存储器。存储器是用来存储程序和数据的部件，对于计算机来说，有了存储器，才有记忆功能，才能保证正常工作。存储器的种类很多，按其用途可分为主存储器和辅助存储器，主存储器又称内存储器（简称内存）。内存在电脑中起着举足轻重的作用。内存一般采用半导体存储单元，包括随机存储器（RAM）、只读存储器（ROM），以及高速缓存（Cache）。

内存就是存储程序以及数据的地方，比如当我们在使用 Office 处理文稿时，当你在键盘上敲入字符时，它就被存入内存中，当你选择存盘时，内存中的数据才会被存入硬（磁）盘。

1. 只读存储器（ROM）

ROM 表示只读存储器（Read Only Memory），在制造 ROM 的时候，信息（数据或程序）就被存入并永久保存。这些信息只能读出，一般不能写入，即使机器掉电，这些数据也不会丢失。ROM 一般用于存放计算机的基本程序和数据，如 BIOS ROM，如图 1-32 所示。

PLCC封装的BIOS芯片

图 1-32　BIOS ROM

2. 随机存储器（RAM）

随机存储器（Random Access Memory）表示既可以从中读取数据，也可以写入数据。当机器电源关闭时，存于其中的数据就会丢失。我们通常购买或升级的内存条就是用作电脑的内存，内存条就是将 RAM 集成块集中在一起的一小块电路板，它插在计算机中的内存插槽上，以减少 RAM 集成块占用的空间。

3. 高速缓冲存储器（Cache）

Cache 也是我们经常遇到的概念，它位于 CPU 与内存之间，是一个读写速度比内存更快的存储器。当 CPU 向内存中写入或读出数据时，这个数据也被存储进高速缓冲存储器中。当 CPU 再次需要这些数据时，CPU 就从高速缓冲存储器读取数据，而不是访问较慢的内存，当然，如需要的数据在 Cache 中没有，CPU 会再去读取内存中的数据，如图 1-33 所示。

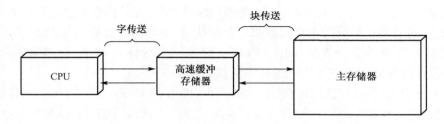

图 1-33　高速缓冲存储器工作原理图

1.3.4　拓展知识

1. 内存插槽

（1）SIMM（Single Inline Memory Module，单列内存模组），如图 1-34 所示。

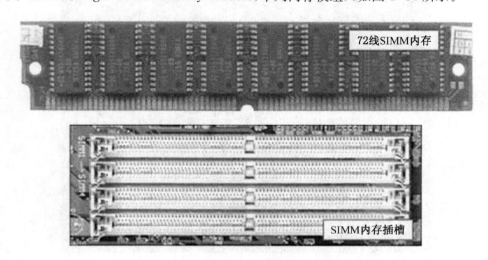

图 1-34　SIMM 插槽

（2）DIMM（Double Inline Memory Module，双列内存模组），如图 1-35，图 1-36 所示。

图 1-35　184 针 DIMM 插槽

图 1-36　240 针 DDR2 DIMM 插槽

2. 主流内存及参数（如表 1-1 所示）

表 1-1　主流内存参数对比表

产品名称	金士顿（Kingston） DDR3 1600	威刚（ADATA） DDR3 1600	芝奇（G. SKILL） RipjawsX DDR3 1600	金士顿（Kingston） 笔记本 DDR3 1600
适用机型	台式内存	台式内存	台式内存	笔记本内存
工作频率	1 600 MHz	1 600 MHz	1 600 MHz	1 600 MHz
内存类型	DDR3	DDR3	DDR3	DDR3
接口类型	240 pin	240 pin	240 pin	240 pin
内存容量	8 G	4 G	8 G	8 G
电压	1.5 V	1.5 V	1.5 V	1.5 V
参考价格	299 元	149 元	569 元	179 元

新一代的 DDR3 内存已经取代 DDR2 成为市场的主流，DDR3 内存拥有更强的性能。金士顿 DDR3-1600 4G 内存如图 1-37 所示。

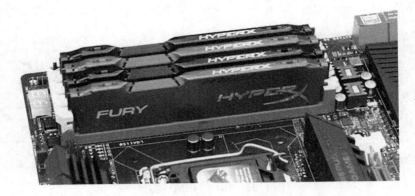

图 1-37　金士顿(Kingston)骇客神条 Fury 系列 DDR3 1600 8 GB 台式机内存

3. 内存的封装

目前内存的封装方式主要有 TSOP、BGA、CSP 等三种。

TSOP 封装：Thin Small Outline Package，薄型小尺寸封装。

BGA 封装：BGA 叫作"球栅阵列封装"。

BGA 封装技术又可详分为五大类：

(1) PBGA(Plasric BGA)基板

(2) CBGA(Ceramic BGA)基板

(3) FCBGA(Filp Chip BGA)基板

(4) TBGA(Tape BGA)基板

(5) CDPBGA(Carity Down PBGA)基板

习　题

一、填空题

1. 一个完整的计算机系统是由_____和_____组成。

2. 计算机按照数据处理规模大小可以分为_____、_____、_____、_____。

3. 主板芯片组按照在主板上的排列位置的不同，分为_____芯片和_____芯片。

4. 目前在主板上连接显卡的扩展槽是_____插槽和_____插槽。

5. CPU 的主频等于_____乘以_____。

6. _____和_____集成在一起，合称为中央处理器。

7. CPU 按照生产厂商主要分为_____和_____两种主流产品。

8. CPU 的中文名称是_____。

9. CPU 的外频是 100 MHz，倍频是 17，那么 CPU 的工作频率(即主频)是_____。

10. 主板与 CPU 的匹配实际上是主板上面的_____和_____之间的匹配。

二、选择题

1. 世界上第一台通用电子数字计算机是在_____年研制成功的。

A. 1949　　　　B. 1900　　　　C. 1924　　　　D. 1946

2. 从系统结构来看,至今为止绝大多数计算机仍是＿＿＿＿式计算机。

A. 实时处理　　　　B. 智能化　　　　C. 并行　　　　D. 冯·诺依曼

3. 计算机中所有信息的存储都采用＿＿＿＿。

A. 十进制　　　　B. 十六进制　　　　C. ASCII 码　　　　D. 二进制

4. 评定主板的性能首先要看＿＿＿＿。

A. CPU　　　　B. 主芯片组　　　　C. 主板结构　　　　D. 内存

5. 下面哪一个接口不属于版卡接口的范围?

A. PCI 接口　　　　B. ISA 接口　　　　C. MICin 接口　　　　D. AGP 接口

6. 下面哪一项不属于主机系统?

A. 机箱　　　　B. 电源　　　　C. 键盘　　　　D. 主机板

7. 主板的核心部件是＿＿＿＿。

A. 扩展槽　　　　B. BIOS 系统　　　　C. 芯片组　　　　D. I/O 接口

8. 主板是 PC 机的核心部件,在组装 PC 机时可以单独选购。目前 PC 机主板的叙述中,错误的是＿＿＿＿。

A. 主板上通常包含微处理器插座(或插槽)和芯片组

B. 主板上通常包含存储器(内存条)插座和 ROM BIOS

C. 主板上通常包含 PCI 和 PCIE 插槽

D. 主板上通常包含 IDE 插座及与 IDE 相连的内存

9. ＿＿＿＿决定了主板支持的 CPU 和内存的类型。

A. 北桥芯片　　　　B. 内存芯片　　　　C. 内存颗粒　　　　D. 南桥芯片

10. ＿＿＿＿决定了计算机可以支持的内存数量、种类、引脚数目。

A. 南桥芯片组　　　　B. 北桥芯片组　　　　C. 内存芯片　　　　D. 内存颗粒

11. 下列＿＿＿＿不属于北桥芯片管理的范围之列。

A. 处理器　　　　B. 内存　　　　C. AGP 接口　　　　D. IDE 接口

12. 一个 USB 控制器最多可以连接＿＿＿＿个外设。

A. 127　　　　B. 128　　　　C. 129　　　　D. 130

13. 目前,ATX 结构的主板上一般有两个 5 芯的 PS/2 接口,其接法为＿＿＿＿。

A. 紫色接键盘　　　　B. 紫色接鼠标　　　　C. 绿色接键盘　　　　D. 以上都不对

14. 微机硬件系统是由＿＿＿＿、存储器、输入设备和输出设备等部件构成。

A. 硬盘　　　　B. 软盘　　　　C. 键盘　　　　D. 中央处理器

15. 负责计算机内部之间的各种运算和逻辑运算的功能,主要是由＿＿＿＿来实现的。

A. CPU　　　　B. 主板　　　　C. 内存　　　　D. 显卡

16. 整个微机系统的核心部件是＿＿＿＿。

A. 电源　　　　B. CPU　　　　C. 内存　　　　D. 主板

17. 微型计算机的发展史可以看作是＿＿＿＿的发展历史。

A. 微处理器　　　　B. 主板　　　　C. 存储器　　　　D. 电子芯片

18. ＿＿＿＿是连接 CPU 和内存、缓存、外部控制芯片之间的数据通道。

A. 控制器　　　　B. 总线　　　　C. CPU　　　　D. 存储器

19. 控制器通过一定的＿＿＿＿来使计算机有序的工作和协调,并且以一定的形式和外设进行信息通信。

    A. 控制指令   B. 译码器   C. 逻辑部件   D. 寄存器

20. 倍频系数是 CPU 和_____之间的相对比例关系。

    A. 外频   B. 主频   C. 时钟频率   D. 都不对

21. 下面哪一项指标,与 CPU 的性能无关?

    A. 主频   B. 基频   C. 二级缓存   D. CPU 的功率

22. 关于二级缓存,下列描叙不正确的是_____。

    A. 二级缓存的英文名称是 L2Cache

    B. 二级缓存是协调 CPU 和内存之间的速度的

    C. 二级缓存是购买 CPU 时要考虑的一个重要指标

    D. 二级缓存越小,则 CPU 的速度越快

23. 64 位 CPU 中的"64"指的是_____。

    A. CPU 的体积   B. CPU 的针脚数   C. CPU 的表面积   D. CPU 的位宽

24. 目前,装机市场上流行的 i7 处理器是_____公司的产品。

    A. Inter   B. AMD   C. 威盛   D. IBM

25. 计算机对数据进行加工处理的中心是_____。

    A. 控制单元   B. 存储单元   C. 时序电路   D. 运算单元

三、简答题

1. 简述主板有哪几个主要组成部分?

2. 主板芯片组有哪些功能?

3. 收集市场上主流的主板芯片的产品型号、参数和价格。

4. CPU 的性能指标有哪些?

5. 目前主流的 CPU 品牌、型号有哪些?

6. 选择几款主流主板产品,并选择合适的 CPU 与之匹配。

7. 目前主流的内存有哪些型号,性能如何?

8. 收集市场主流内存的参数及价格。

2

计算机外部设备

2.1 硬盘的选购

硬盘(Hard Disc Drive，HDD)是电脑主要的存储媒介之一，由一个或者多个铝制或者玻璃制的碟片组成。这些碟片外覆盖有铁磁性材料。绝大多数硬盘都是固定硬盘，被永久性地密封固定在硬盘驱动器中。

在大家组装电脑，选购硬盘的时候，通常会对硬盘的容量和速度作一定的要求，要在特定的预算价格内进行选择，就必然会对容量和速度做出一定的取舍。那么，在这种情况下，是优先考虑容量的因素呢，还是优先考虑速度的因素？

2.1.1 硬盘的类型

目前硬盘主要：IDE(ATA)硬盘、SATA 硬盘、SCSI 硬盘及 SAS(新一代 SCSI 技术)硬盘、固态硬盘。

1. IDE 硬盘

IDE 硬盘也叫 ATA 硬盘，是采用并行传输技术的硬盘，如图 2-1 所示。IDE 的英文全称为"Integrated Drive Electronics"，即"电子集成驱动器"，它的本意是指把"硬盘控制器"与"盘体"集成在一起的硬盘驱动器。把盘体与控制器集成在一起的做法减少了硬盘接口的电缆数目与长度，数据传输的可靠性得到了增强。IDE 的接口速度一般是 100 MB/s 或 166 MB/s。

IDE 硬盘的接口类型：ATA、Ultra ATA、DMA、Ultra DMA。

IDE 硬盘优点：价格低廉、兼容性强、性价比高。

图 2-1 IDE 硬盘

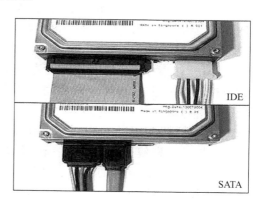

图 2-2 IDE 硬盘与 SATA 硬盘对比图

IDE 硬盘缺点:数据传输速度慢、线缆长度过短、连接设备少。

2. SATA 硬盘

采用串行传输技术,分为第一代 SATA、第二代 SATA2、第二代 SATA3,其中 SATA3 可以达到 6Gbps,速度比 IDE 快多了。

SATA 硬盘与传统的并行 ATA 硬盘相比具有非常明显的优势:首先是 SATA 的传输速度快,除此之外,SATA 硬盘还具有安装方便、容易散热、支持热插拔等诸多优点,这些都是并行 ATA 硬盘无法与之相比的,如图 2-2 所示。

3. SCSI 硬盘

SCSI 是 Small Computer System Interface(小型计算机系统接口)的缩写,使用 50 针接口,外观和普通硬盘接口有些相似。用在服务器上面比较多,速度快,稳定性很好,比较适合做磁盘阵列,如图 2-3 所示。

SCSI 硬盘的优势:

(1) 转速高达 15 000 rpm。高转速意味着硬盘的平均寻道时间短,能够迅速找到需要的磁道和扇区。

(2) SCSI 硬盘可支持多个设备,SCSI－2 (Fast SCSI) 最多可接 7 个 SCSI 设备,Wide SCSI－2 以上可接 16 个 SCSI 设备。也就是说,所有的设备只需占用一个 IRQ,同时 SCSI 还支持相当广的设备,如 CD－ROM、DVD、CDR、硬盘、磁带机、扫描仪等。

图 2-3　SCSI 硬盘

4. 固态硬盘

固态硬盘(Solid State Drives),简称固盘,是用固态电子存储芯片阵列而制成的硬盘,其芯片的工作温度范围很宽,商规产品(0～70℃),工规产品(－40～85℃),如图 2-4 所示。

新一代的固态硬盘普遍采用 SATA－2 接口、SATA－3 接口、SAS 接口、MSATA 接口、PCI－E 接口、NGFF 接口和 CFast 接口。

固态硬盘特点如下:

(1) 读写速度快:采用闪存作为存储介质,读取速度相对机械硬盘更快。固态硬盘不用磁头,寻道时间几乎为 0。

(2) 防震抗摔性:固态硬盘内部不存在任

图 2-4　SSD 固态硬盘

何机械部件,这样即使在高速移动甚至伴随翻转倾斜的情况下也不会影响到正常使用。

(3) 低功耗:固态硬盘的功耗上要低于传统硬盘。

(4) 无噪音:固态硬盘没有机械马达和风扇,工作时噪音值为 0。

(5) 工作温度范围大:典型的硬盘驱动器只能在 5～55℃范围内工作。而大多数固态硬盘可在-10～70℃工作。

（6）轻便：固态硬盘在重量方面更轻，与常规 1.8 英寸硬盘相比，重量轻 20～30 克。

图 2-5 为机械硬盘与固态硬盘内部结构比较。

硬盘的分类主要取决于它们的接口类型。目前硬盘接口类型不算多，主要有 IDE、SCSI、SATA 三种。IDE 许多时候以 Ultra ATA 代替，很多人习惯将 Ultra ATA 硬盘称为 IDE 硬盘，但需要说明的是 IDE 的概念要大于 ATA ——原则上所有硬盘驱动器集成控制器的设计都属于 IDE，SCSI 也不例外。当然，以 IDE 指代 ATA 已经形成很大的惯性，SATA 开始将 IDE 与 ATA 区别开来。即将淘汰的是 IDE，目前流行的是 SATA，稳定价高的是 SCSI，新兴的是 SAS。

机械硬盘　　　　　　　　　　　　　固态硬盘

图 2-5　机械硬盘与固态硬盘比较

2.1.2　硬盘的接口类型

1. IDE 接口

IDE 的英文全称为：Integrated Drive Electronics，是目前主流的硬盘接口，包括光储类的主要接口。IDE 接口使用一根 40 芯或 80 芯的扁平电缆连接硬盘与主板，每条线最多连接 2 个 IDE 设备（硬盘或者光储）。早期的是用 IDE 多功能卡插在主板上，再连接 IDE 线，这功能卡已经淘汰；目前主板全部提供 2 个 IDE 接口，相比 IDE 多功能卡，它显得价格便宜和易于安装。IDE 接口又分为 UDMA/33，UDMA/66，UDMA/100，UDMA/133，如图 2-6 所示。

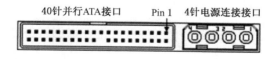

40针并行ATA接口　　　　Pin 1　4针电源连接接口

图 2-6　IDE 硬盘接口

2. SCSI 接口

SCSI 英文全称：Small Computer System Interface，如图 2-7 所示。它的出现主要是因为原来的 IDE 接口的硬盘转速太慢，传输速率太低，因此高速的 SCSI 硬盘出现。由于独立于系统总线工作，所以它的最大优势在于其系统占用率极低，不过 SCSI 接口硬盘也有它的不足之处：价格高、安装不便、还需要设置及其安装驱动程序，因此这种接口的硬盘大多用

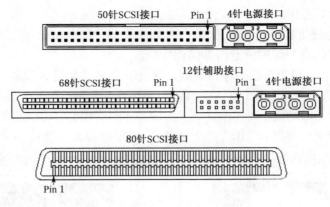

图 2-7　SCSI 接口

于服务器等高端应用场合。

3. SATA 接口

SATA 的英文全称是：Serial - ATA（串行），IDE 系列属于 Parallel - ATA（并行），SATA 是最近颁布的新标准，具有更快的外部接口传输速度，数据校验措施更为完善，初步的传输速率已经达到了 150 MB/s，比 IDE 最高的 UDMA/133 还高不少，如图 2-8 所示。由于改用线路相互之间干扰较小的串行线路进行信号传输，因此相比原来的并行总线，SATA 的工作频率得以大大提升。虽然总线位宽较小，但 SATA 1.0 标准仍可达到 150 MB/s，未来的 SATA 2.0/3.0 更可提升到 300 MB/s 以至 600 MB/s。SATA 具有更简洁方便的布局连线方式，在有限的机箱内，更有利于散热，并且简洁的连接方式，使内部电磁干扰降低很多。

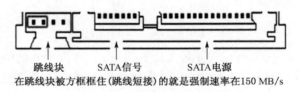

跳线块　　　SATA信号　　　SATA电源
在跳线块被方框框住(跳线短接)的就是强制速率在150 MB/s

图 2-8　SATA 接口

SCSI 及 IDE 接口硬盘今后都会采用 SATA 接口标准。我们知道 SATA 接口与 IDE 硬盘接口不兼容，供电接口方式也不相同，如图 2-9 所示是与并行 ATA 的传输线比较，左边是串行数据传输线，右边是并行数据传输线。

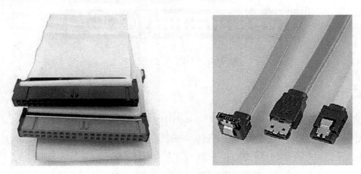

图 2-9　ATA 与 SATA 比较

SAS 是新一代的 SCSI 技术，和现在流行的 Serial ATA(SATA)硬盘相同，都是采用串行技术以获得更高的传输速度，并通过缩短连接线改善内部空间等。SAS 是并行 SCSI 接口之后开发出的全新接口。此接口的设计是为了改善存储系统的效能、可用性和扩充性，提供与串行 ATA（Serial ATA，SATA）硬盘的兼容性。SAS 的接口技术可以向下兼容SATA，SATA 系统并不兼容 SAS，如图 2-10 所示。

图 2-10　SAS 硬盘及接口

4. SSD 固态硬盘接口

新一代的固态硬盘普遍采用 SATA－2 接口、SATA－3 接口、SAS 接口、MSATA 接口、PCI－E 接口、NGFF 接口和 CFast 接口。目前主流 2.5 英寸 SSD 固态硬盘普遍采用接口 SATA－3 6 Gb/s 接口（与 SATA2 3 Gb/s 和 SATA 1.5 Gb/s 兼容）。

2.1.3　硬盘的主要技术指标

1. 主轴转速

硬盘的主轴转速是决定硬盘内部数据传输率的决定因素之一，它在很大程度上决定了硬盘的速度，同时也是区别硬盘档次的重要标志。从目前的情况来看，7 200 rpm 的硬盘具有性价比高的优势，是市场上的主流产品，而 SCSI 硬盘的主轴转速已经达到 10 000 rpm 甚至 15 000 rpm。

2. 寻道时间

该指标是指硬盘磁头移动到数据所在磁道所用的时间，单位为毫秒(ms)。平均寻道时间则为磁头移动到正中间的磁道需要的时间。硬盘的平均寻道时间越小性能则越高，现在一般选用平均寻道时间在 10 ms 以下的硬盘。

3. 单碟容量

单碟容量是硬盘相当重要的参数之一，一定程度上决定着硬盘的档次高低。硬盘是由多个存储碟片组合而成的，而单碟容量就是一个存储碟所能存储的最大数据量。硬盘厂商在增加硬盘容量时，可以通过两种手段：一个是增加存储碟片的数量，但受到硬盘整体体积和生产成本的限制，碟片数量都受到限制，一般都在 5 片以内；而另一个办法就是增加单碟容量。目前的 IDE 和 SATA 硬盘最多只有四张碟片，增加碟片来扩充容量满足不断增长的存储容量的需求是不可行的。只有提高每张碟片的容量才能从根本上解决这个问题。

目前主流硬盘的单碟容量为 250 GB,而最新的希捷 Barracuda LP 系列硬盘的最高单碟容量更是达到 500 GB,使硬盘总容量可以达到 2 000 GB 以上。

单碟容量的一个重要意义在于提升硬盘的数据传输速度,而且也有利于生产成本的控制。硬盘单碟容量的提高得益于数据记录密度的提高,而记录密度同数据传输率是成正比的,并且新一代 GMR 磁头技术则确保了这个增长不会因为磁头的灵敏度的限制而放慢速度。

4. 潜伏期

该指标表示当磁头移动到数据所在的磁道后,等待所要的数据块继续转动(半圈或多些、少些)到磁头下的时间,其单位为毫秒(ms)。平均潜伏期就是盘片转半圈的时间。

5. 硬盘表面温度

该指标表示硬盘工作时产生的温度使硬盘密封壳温度上升的情况。这项指标厂家并不提供,一般只能在各种媒体的测试数据中看到。硬盘工作时产生的温度过高将影响薄膜式磁头的数据读取灵敏度,因此硬盘工作表面温度较低的硬盘有更稳定的数据读、写性能。

6. 道至道时间

该指标表示磁头从一个磁道转移至另一磁道的时间,单位为毫秒(ms)。

7. 高速缓存

该指标针对硬盘内部的高速存储器。目前硬盘的高速缓存一般为 8 MB～32 MB,SCSI 硬盘的更大。购买时最好选用缓存为 8 M 以上的硬盘。

8. 全程访问时间

该指标指磁头开始移动直到最后找到所需要的数据块所用的全部时间,单位为毫秒(ms)。而平均访问时间指磁头找到指定数据的平均时间,单位为毫秒。通常是平均寻道时间和平均潜伏时间之和。现在不少硬盘广告中所说的平均访问时间大部分都是用平均寻道时间所代替的。

9. 最大内部数据传输率

该指标名称也叫持续数据传输率(Sustained Transfer Rate),单位为 Mb/s。它是指磁头至硬盘缓存间的最大数据传输率,一般取决于硬盘的盘片转速和盘片线密度(指同一磁道上的数据容量)。注意,在这项指标中常常使用 Mb/s 或 Mbps 为单位,这是兆位/秒的意思,如果需要转换成 MB/s(兆字节/秒),就必须将 Mbps 数据除以 8(一字节 8 位数)。例如,某硬盘给出的最大内部数据传输率为 683 Mbps,如果按 MB/s 计算就只有 85.37 MB/s 左右。

10. 连续无故障时间(MTBF)

该指标是指硬盘从开始运行到出现故障的最长时间,单位是小时。一般硬盘的 MTBF 至少在 300 000 小时以上。

11. 外部数据传输率

该指标也称为突发数据传输率,它是指从硬盘缓冲区读取数据的速率。在广告或硬盘特性表中常以数据接口速率代替,单位为 MB/s。目前主流的硬盘已经全部采用 SATA150 接口技术,外部数据传输率可达 150 MB/s。SATA 2.0 的数据传输率将达到 300 MB/s,最终 SATA 将实现 600 MB/s 的最高数据传输率。

12. S. M. A. R. T

该指标的英文全称是 Self-Monitoring Analysis&Reporting Technology,中文含义是自动监测分析报告技术。这项技术指标使得硬盘可以监测和分析自己的工作状态和性能,并将其显示出来。用户可以随时了解硬盘的运行状况,遇到紧急情况时,可以采取适当措施,确保硬盘中的数据不受损失。采用这种技术以后,硬盘的可靠性得到了很大的提高。

13. SSD 固态硬盘技术指标

固态硬盘主要性能参数指标有以下几个:最大持续读取速度,最大持续写入速度,寻道时间,4 KB 读写性能,IOPS 性能。

最大持续读写性能简而言之就是大量拷入拷出数据时硬盘能达到的速度寻道时间。由于 SSD 不存在机械结构,所以寻道时间非常短,一般在 0.1 毫秒左右。

4 KB 读写性能:这是一块 SSD 最重要的参数,任何 SSD 离开了这个参数哪怕读写性能高达 1 G/s 都无意义,4KB 读写性能直接决定了一款 SSD 的性能,这是关键。SSD 在使用前非常有必要进行 4 KB 对齐,不然就会造成性能的白白浪费。SSD 和传统机械硬盘的存储机制是不同的,传统机械硬盘的扇区大小被定义为 512 B,而 SSD 采用的是 NAND 闪存,扇区一般为 4KB。

IOPS 性能:即每秒进行读写(I/O)操作的次数,衡量随机访问的性能。

其他参数:比如 SSD 里闪存块的读写次数/寿命。

2.1.4 拓展知识

1. 机械硬盘组成结构

磁道是磁盘一个面上的单个数据存储环。如果将磁道作为一个存储单元,从数据管理效率看实在是太大了。许多盘片一个磁道能存储 100 000 字节甚至更多,用于小文件存储进的效率就太低了。因此,磁道被分成若干编号的分区,称为扇区。这些扇区代表了磁道的分段,如图 2-11 所示。

扇区是磁盘最小的物理存储单元,但由于操作系统无法对数目众多的扇区进行寻址,所以操作系统就将相邻的扇区组合在一起,形成一个簇,然后再对簇进行管理。每个簇可以包括 2、4、8、16、32 或 64 个扇区。显然,簇是操作系统所使用的逻辑概念,而非磁盘的物理特性。为了更好地管理磁盘空间和更高效地从硬盘读取数据,操作系统规定一个簇中只能放置一个文件的内容,因此文件所占用的空间,只能是簇的整数倍;而如果文件实际大小小于一簇,它也要占一簇的空间。所以,一般情况下文件所占空间要略大于文件的实际大小,只有在少数情况下,即文件的实际大小恰好是簇的整数倍时,文件的实际大小才会与所占空间完全一致。如图 2-12 所示。

硬盘主要包括盘片、磁头、盘片主轴、控制电机、磁头控制器、数据转换器、接口、缓存等几个部分。所有的盘片都固定在一个旋转轴上,这个轴即盘片主轴。而所有盘片之间是绝对平行的。在每个盘片的存储面上都有一个磁头,磁头与盘片之间的距离比头发丝的直径还小。所有的磁头连在一个磁头控制器上,由磁头控制器负责各个磁头的运动。磁头可沿盘片的半径方向动作,而盘片以每分钟数千转到上万转的速度在高速旋转,这样磁头就能对盘片上的指定位置进行数据的读写操作,如图 2-13~图 2-14 所示。

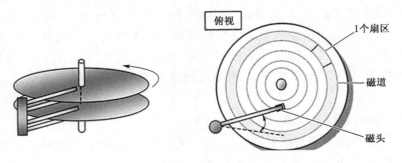

图 2-11 磁道与扇区

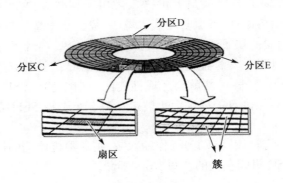

图 2-12 分区与扇区

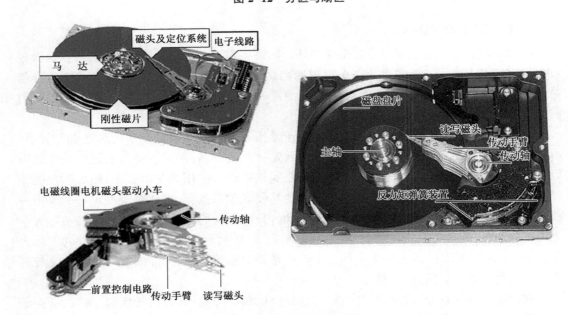

图 2-13 硬盘内部结构图 1

图 2-14 硬盘内部结构图 2

2. SATA 硬盘知识拓展

（1）SATA 3.0

SATA 3.0 是 SATA 2.0 的升级版本，SATA 3.0 的接口兼容 SATA 2.0，所以如果电脑只提供 SATA 3.0，仍可使用 SATA 2.0 的硬盘；SATA 2.0 和 SATA 3.0 最关键的区别在于传输速度，SATA 2.0 最高传输速度是 300 m/s，而 SATA 3.0 最高传输速度可达 600 m/s，换言之，SATA 3.0 速度翻番。

目前大多数的机械硬盘的传输速度都没有超过 100 m/s，所以如果你使用机械硬盘，则完全不用担心接口问题；但是随着科技的发展，固态硬盘越来越受到消费者关注和喜爱，固态硬盘的传输速度则可能不止 300 m/s，所以如果你希望在电脑上使用固态硬盘，建议选择 SATA 3.0 接口的电脑。

（2）e-SATA 硬盘

e-SATA 即为 External SATA 的缩写，意思为外接的 SATA，即将 SATA 端口由主板内引出到机箱外面来。而 e-SATA 的优势也是显而易见的，那就是传输速度快，可提供 6 000 Mb/s 的数据传输速度，远远高于 USB 2.0 和 IEEE 1394，并且依然保持方便的热插拔功能，用户不需要关机便能随时接上或移除 SATA 装置，十分方便。

2.2 光驱的选购

光驱是计算机用来读写光盘内容的机器，是计算机中比较常见的一个配件。随着多媒体技术的应用越来越广泛，使得光驱成为计算机的标准配置。目前，光驱可分为 CD-ROM 驱动器、DVD 光驱（DVD-ROM）、康宝（COMBO）和刻录机等。

随着存储技术的快速发展，光盘的容量越来越大，种类也不断增加，光驱也随之不断变化。另外，许多用户在购买光驱时，对光驱外包装上的倍速参数不清楚，从而不能买到最合适的光驱类型。光驱倍速可以说是直接影响到光驱性能的重要参数，无论是哪种光驱类型都有其相应的倍速区间，因倍速的高低而售价也有所差异。

2.2.1 光驱的类型

1. 根据存放位置不同分类

可分为外置式光驱和内置式光驱两种。

外置式光驱安装在机箱外部,通过数据线和音频线与主机的接口卡和声卡相连。外置式光驱相对于内置式光驱具有方便携带和采用防尘式设计等优点,价格一般比较高。如果需要经常转存大量数据,不妨考虑使用外置式的光驱。

内置式光驱是相对于外置式光驱而言,是指安装、固定在计算机内部,不能移动的光驱。

2. 根据存储技术的不同分类

根据存储技术不同,光驱可分为 CD-ROM 驱动器、DVD 光驱(DVD-ROM)、康宝(COMBO)和刻录机等。

(1) CD-ROM 光驱

CD-ROM 是一种只读的光存储介质。它是利用原本用于音频 CD 的 CD-DA(Digital Audio)格式发展起来的。CD-ROM 光驱以其容量大、速度快、易保存、兼容性强和盘片成本低等优点,早已经是微机的基本配置。目前,随着 DVD 光驱技术的发展,价格的下降,有逐渐取代 CD-ROM 光驱的趋势。

(2) DVD 光驱

DVD 光驱是一种可以读取 DVD 碟片的光驱,除了兼容 DVD-ROM,DVD-VIDEO,DVD-R,CD-ROM 等常见的格式外,对于 CD-R/RW,CD-I,VIDEO-CD,CD-G 等都能很好的支持,如图 2-15,图 2-16 所示。随着 DVD 光驱价格的下降,特别是 DVD-ROM 几乎是现在品牌机的标配,许多升级装机的用户也都会选购 DVD 光驱。

图 2-15　外置 DVD 刻录光驱　　　　　　图 2-16　内置 DVD 光驱

(3) COMBO 光驱

"康宝"光驱是人们对 COMBO 光驱的俗称。而 COMBO 光驱是一种集合了 CD 刻录、CD-ROM 和 DVD-ROM 为一体的多功能光存储产品。

COMBO 在英文里的意思是结合物。COMBO 光驱既可以刻录 CD-R 或者 CD-RW 光盘,也可以读取 DVD 光盘,当然还可以当作 CD-ROM 光驱来使用,是一种集合了 CD 刻录、CD-ROM 和 DVD-ROM 为一体的多功能光存储产品。由于读取 CD-ROM 和

DVD-ROM 光盘所使用的激光波长不同,因此,COMBO 光驱通过控制激光头发射不同波长的激光束来实现兼具 CD-ROM 和 DVD-ROM 的功能,这是 COMBO 光驱的核心技术。也正因为这样,COMBO 光驱的价格较高。

（4）蓝光光驱

蓝光光驱即能读取蓝光光盘的光驱,向下兼容 DVD、VCD、CD 等格式。

蓝光(Blu-ray)或称蓝光盘(Blu-ray Disc, BD)利用波长较短(405 nm)的蓝色激光读取和写入数据,并因此而得名。而传统 DVD 需要光头发出红色激光(波长为 650 nm)来读取或写入数据,通常来说波长越短的激光,能够在单位面积上记录或读取更多的信息。因此,蓝光极大地提高了光盘的存储容量,对于光存储产品来说,蓝光提供了一个跳跃式发展的机会。

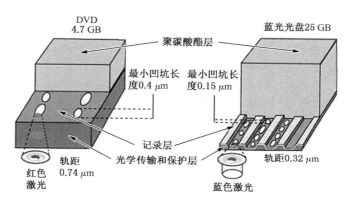

图 2-17　DVD 与蓝光光盘结构对比图

目前为止,蓝光是最先进的大容量光碟格式,BD 激光技术的巨大进步,使你能够在一张单碟上存储 25GB 的文档文件。这是现有(单碟)DVD 的 5 倍。在速度上,蓝光允许 1 倍到 2 倍或者说每秒 4.5 兆至 9 兆的记录速度。其与 DVD 光盘结构对比图如图 2-17 所示。

（5）刻录光驱

包括了 CD-R、CD-RW 和 DVD 刻录机等,其中 DVD 刻录机又分 DVD＋R、DVD-R、DVD＋RW、DVD-RW(W 代表可反复擦写)、DVD-RAM、DVD＋R(DL)、DVD-R(DL)等。

CD-R(CD-Recorder):它属于 CD-WORM(CD-Write Once Read Multiple)即一次性写入可重复读取的光盘,它刻录的光盘可以由普通 CD-ROM 光驱使用。

CD-RW(CD-Rewriteable):即可反复刻录的光盘。

DVD-R/RW 是日本先锋公司研发出的,被 DVD 论坛(目前的 DVD 格式标准主要由这个组织确定)认证的 DVD 刻录技术之一。DVD-R 的全称为 DVD-Recordable(可记录式 DVD),为区别于 DVD＋R,它被定义为 Write once DVD(一次写入式 DVD)。DVD-RW 的全称为 DVD-Rewritable(可重写式 DVD),为区别于 DVD＋RW,被定义为 Recordable DVD(可重记录型 DVD)。目前 DVD-R 格式的盘片市场售价因品牌不同,包装不同价格从 2 元到 10 元不等,而可擦写的 DVD-RW 盘片的售价大多在 20 元左右。

DVD＋R/RW 是由索尼、飞利浦、惠普共同创建的 DVD＋RW Alliance 组织(区别于上文提到的 DVD 论坛,是与之相抗衡的另一 DVD 标准制定组织)研发的。为了与 DVD-R/

RW 区分,DVD＋R 被称为 DVD Recordable(可记录式 DVD),DVD＋RW 被称为 DVD Rewritable(可重写式 DVD)。DVD＋R/RW 与 DVD－R/RW 仅仅是格式上不同,因此售价也相差不多。

DVD＋/－R DL 是相对于普通单面单层 4.7G 来说的单面双层刻录(DVD＋/－Recordable Double layer),具有两个存储层,相比普通的单面单层刻录盘存储容量扩充到了 8.5 G,不过由于技术问题,生产这类盘片的厂商很少,目前市场中较为常见的只有三菱公司生产的盘片,单价也在 60 元左右。

2.2.2 光驱的技术指标

光驱的性能参数与硬盘非常相近。很多用户以为光驱的速度越快,性能就越好,其实不然,光驱的速度只是光驱性能参数的一个方面,要真正衡量光驱性能的优劣,还应综合以下几个方面。

1. 数据传输率

衡量光驱的最基本指标是数据传输率(Data Transfer Rate),即大家常说的倍速,是指光驱每秒向 CPU 传输数据的量,它表明了光驱从光盘上读取数据的快慢。单倍速(1X)光驱是指每秒钟光驱的读取速率为 150 KB,同理,双倍速(2X)就是指每秒读取速率为 300 KB,现在市面上的 CD－ROM 光驱一般都在 48X,52X 以上。一般情况下,光驱的速度越快越好。

2. 高速缓冲存储器

高速缓冲存储器简称缓存(Cache),是内置在光驱中的 RAM 储存器,一般用来暂存光驱中读出的数据,以便能够保持一个恒定的数据传输率向 CPU 传送数据。缓存的容量越大,光驱的响应速度就越快,特别是当用光驱播放视频图像时,它的缓存容量越大播放效果相对也就越好。另外缓存的大小不仅与数据传输率有关,而且与光驱的纠错率也有很大的关系,因此,这项指标应成为选择光驱时考虑的重要因素。

3. 平均寻道时间

平均寻道时间是指光驱随机寻找在光盘上任意位置的数据所花的时间。早期的双速 CD－ROM 的平均寻道时间一般为 300～400 ms,24X 则为 120 ms,时间越短,表示 CD－ROM 的工作效率越高。相比之下,光驱的平均寻道时间就远远比硬盘要大得多,硬盘的平均寻道时间一般为 9～18 ms,这就是光驱的速度赶不上硬盘的原因之一。

4. CPU 占用时间

CPU 占用时间也是衡量光驱性能好坏的一项重要指标,它是指光驱在维持一定的转速和数据传输率的基础上所占用的 CPU 时间。CPU 占用时间越少,光驱的整体性能也就越好。

5. 接口标准

CD－ROM 的后面一般都有三个接口:CD－ROM 的数据线接口,电源线接口及其 CD－ROM的音频输出接口。CD－ROM 光驱数据线接口一般分为 IDE 和 SCSI 两种,其中微机以 IDE 接口的居多。SCSI 多适用于连接驱动器较多以及对速度要求较高的用户(一一般以工作站、网络服务器居多），但这并不意味着它比 IDE 接口具有快得多的速度，因为影响计算机速度的因素不仅仅限于光驱，还有 CPU、内存等因素。另外，DVD 刻录机等还有 LPT 并行接口和目前比较流行的 USB 接口的外置式光驱。

6. 稳定性

由于光驱高速旋转的马达带来的震动、噪音和热量等对光盘有一定影响，所以要选择有防震、降噪功能的产品。

7. 兼容性与容错能力

光盘的种类千差万别，不同的光驱产品的兼容性也不同，因此尽量选择兼容性强的品牌产品。容错能力是一项实在的光驱评价标准，好的容错能力能提高光驱的整体性能。

2.2.3　光驱的倍速

在光驱的包装上或说明书中，标明如 2X、4X、8X、16X、24X、32X、40X、48X、50X、56X 等就是光驱的倍速，而"X"就代表倍，数字就代表倍速，因此越大的倍速光驱的速度就越快。

早期第一台 CD 机器出现时，人们就把 CD 在 1 小时内读完一张 CD 盘的速度定义为 1 倍速。后来驱动器的传输速率越来越快，就出现了倍速，而到了 DVD 光驱时代后，人们沿用了同样的规定，也规定 DVD 的 1 倍速为 1 小时读完 1 张 DVD 盘。但因为 CD 盘和 DVD 盘的容量差异较大，CD 容量一般为 650 MB，而 DVD 容量则为 4.7 GB 左右，因此在相同的 1 倍速下，CD 的读取数据的速度约为 150 KB/s，而 DVD 的速度则在 1 350 KB/s 左右。

1. CD 读取速度

最大 CD 读取速度是指光存储产品在读取 CD - ROM 光盘时，所能达到最大光驱倍速。因为是针对 CD - ROM 光盘，因此该速度是以 CD - ROM 倍速来标称，不是采用 DVD - ROM 的倍速标称。目前 CD - ROM 所能达到的最大 CD 读取速度是 56 倍速；DVD - ROM 读取 CD - ROM 速度方面要略低一点，达到 52 倍速的产品还比较少，大部分为 48 倍速；COMBO 产品基本都达到了 52 倍速。

2. CD 刻录速度

CD 刻录速度是指该光储产品所支持的最大的 CD - R 刻录倍速。目前市场主流内置式 CD - RW 产品最大能达到的是 52 倍速的刻录速度，还有部分 40 倍速、48 倍速的产品。52 倍速已接近 CD - RW 刻录机的极限，很难再有所提升。外置式的 CD - RW 刻录机市场上的产品速度差异较大，有 8 倍速、24 倍速、40 倍速、48 倍速和 52 倍速等，一般外形尺寸小巧，着重强调便携性的产品刻录速度一般是较低的水平。外置式 CD - RW 刻录机基本都保持较高的刻录速度，与内置式持平。

3. DVD 刻录速度

目前市场中的 DVD 刻录机能达到的最高刻录速度为 8 倍速，较多的产品还只能达到 2～4 倍速的刻录速度，每秒数据传输量为 2.76MB～5.52MB，刻录一张 4.7GB 的 DVD 盘片需要大约 15～27 分钟的时间；而采用 8 倍速刻录则只需要 7 到 8 分钟，只比刻录一张 CD - R 的速度慢一点，但考虑到其刻录的数据量，8 倍速的刻录速度已达到了很高的程度。

DVD 刻录速度是购买 DVD 刻录机的首要因素,如果在资金充足的情况下,尽可能选择高倍速的 DVD 刻录机。

4. DVD 读取速度

最大 DVD 读取速度是指光存储产品在读取 DVD - ROM 光盘时,所能达到最大光驱倍速。该速度是以 DVD - ROM 倍速来定义的。目前 DVD - ROM 驱动器所能达到的最大 DVD 读取速度是 16 倍速;DVD 刻录机所能达到的最大 DVD 读取速度是 12 倍速,相信 16 倍速的产品也不久就会推出;目前商场 COMBO 中产品所支持的最大 DVD 读取速度主要有 8 倍速和 16 倍速两种。

5. CD 复写速度

CD 复写速度是指刻录机在刻录 CD - RW 光盘,在光盘上存储有数据时,对其进行数据擦除并刻录新数据的最大刻录速度。较快 CD - RW 刻录机在对 CD - RW 光盘复写操作时可以达到 32 倍速,虽然 DVD 刻录机也支持对 CD - RW 光盘的可写,但一般 CD 复写速度要略低于 CD - RW 刻录机,只有个别的产品才能达到 32 倍速的复写速度。COMBO 产品在 CD - RW 复写方面表现也不错,现在市面上的产品基本都能达到 24 倍速的水平,部分产品达到了 32 倍速。

6. DVD 复写速度

DVD 复写速度是指 DVD 刻录机在刻录相应规格的 DVD 刻录光盘,在光盘上存储有数据时,对其进行数据擦除并刻录新数据的最大刻录速度。目前各种制式的 DVD 刻录机中很多能达到最大 DVD 复写速度为 8 倍速,也就是每秒约 10.8 MB/s 的速度。

2.2.4 光驱的接口类型

1. ATA/ATAPI 接口

ATA/ATAPI(AT Attachment/AT Attachment Packet Interface,AT 嵌入式接口/AT 附加分组接口)是计算机内并行 ATA 接口的扩展。ATA 也被称为 IDE 接口,ATAPI 是 CD/DVD 和其他驱动器的工业标准的 ATA 接口。ATAPI 是一个软件接口,它将 SCSI/ASPI 命令调整到 ATA 接口上,这使得光驱制造商能比较容易地将其高端的 CD/DVD 驱动器产品调整到 ATA 接口上。

2. SATA 接口

并行 ATA 到 SATA 接口的转变可以称得上是光存储产品一个划时代的转变,其优势还是非常明显的:不但接口传输速度从之前的 66 MB/s 提高到 150 MB/s,传统并行 ATA 光驱背部的接口数目也大为减少。而传统的 IDE 数据线非常宽大,除了插拔起来不是特别方便之外,更严重影响了机箱内的通风效果;SATA 接口的产品所使用的数据线却比较窄小,不但使用更为方便,对机箱内的通风也更为有利。

3. USB 接口

USB 的全称是 Universal Serial Bus,最多可连接 127 台外设,USB 支持热插拔,即插即用,如图 2-18 所示。USB 有三个规范,即 USB 1.1、USB 2.0 和 USB 3.0。

现在主机均带有 USB 接口,因此 USB 光储应用极其方便,作为外置式光储设备的接口,应用相当灵活,而且不必再为接口增加额外的设备,减少投入。

图 2-18　外置康宝光驱 USB 接口

4. IEEE 1394 接口

IEEE 1394 接口是苹果公司开发的串行标准,中文译名为火线接口(Fire Wire)。同 USB 一样,IEEE 1394 也支持外设热插拔,可为外设提供电源,省去了外设自带的电源,能连接多个不同设备,支持同步数据传输。

IEEE 1394 分为两种传输方式:Backplane 模式和 Cable 模式。Backplane 模式最小的速率也比 USB 1.1 最高速率高,分别为 12.5 Mbps/s 、25 Mbps/s 、50 Mbps/s,可以用于数据的高带宽应用。Cable 模式是速度非常快的模式,分为 100 Mbps/s 、200 Mbps/s 和 400 Mbps/s 几种,在 200 Mbps/s 下可以传输不经压缩的高质量数据电影,如图 2-19 所示。

图 2-19　带 IEEE1394 的外置光驱

5. SCSI 接口

SCSI 接口为光存储产品提供了强大、灵活的连接方式,还提供了很高的性能,可以有 7 个或更多的驱动器连接在一个 SCSI 适配器上,其缺点就在于昂贵的价格。SCSI 接口的光驱需要配合价格不菲的 SCSI 卡一起使用,而且 SCSI 接口的光驱在安装、设置时比较麻烦,所以 SCSI 接口的光驱远不如 IDE 接口光驱使用广泛。SCSI 接口的光存储产品更多的是应用于有特殊需求的专业领域,家用产品几乎没有采用此类接口。

6. 并行端口

使用并行端口,用户无需打开机箱来安装,只需用连接线连接在 PC 的并行端口上,再在系统内加载必要的驱动程序就可以正常使用。

对于较为新型的外置式的 USB 或 IEEE 1394 接口,并行端口在速度和兼容性方面都要落后很多。并行接口的光存储已基本被市场淘汰,产品已销声匿迹了。

2.3 显示卡的选购

显示接口卡(Video Card,Graphics Card),又称为显示适配器(Video Adapter),俗称显卡。显卡的用途是将计算机系统所需要的显示信息进行转换,驱动显示器,并向显示器提供行扫描信号,控制显示器的正确显示,它是连接显示器和个人电脑主板的重要元件,是"人机对话"的重要设备之一。

显卡是电脑中负责处理图像信号的专用设备,在显示器上显示的图形都是由显卡生成并传送给显示器的,因此显卡的性能好坏决定着机器的显示效果。显卡分为主板集成的显示芯片的集成显卡和独立显卡,在品牌机中采用集成显卡和独立显卡的产品约各占一半,在低端的产品中更多的是采用集成显卡,在中、高端市场则较多采用独立显卡。

2.3.1 显卡的组成

显卡的主要部件包括:GPU,显存,显卡 BIOS,电路板,接口,如图 2-20,图 2-21 所示。

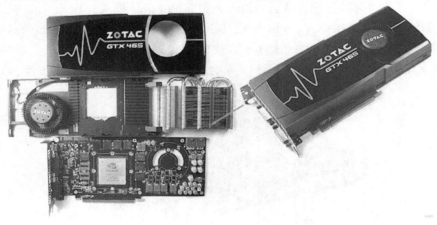

图 2-20 拆开的 GTX465 显卡

图 2-21 显卡内部构造

1. GPU

Graphic Processing Unit，图形处理器，如图 2-22 所示。NVIDIA 公司在发布 GeForce 256 图形处理芯片时首先提出的概念。GPU 使显卡减少了对 CPU 的依赖，并进行部分原本 CPU 的工作，尤其是在 3D 图形处理时。

图 2-22 GTX 465 GPU

图 2-23 三星 GDDR5 0.5ns 显存颗粒

2. 显存

显存是显示内存的简称。顾名思义，其主要功能就是暂时储存显示芯片要处理的数据和处理完毕的数据。图形核心的性能愈强，需要的显存也就越多。以前的显存主要是 SDR 的，容量也不大。而现在市面上基本采用的都是 DDR 3 规格的，在某些高端卡上更是采用了性能更为出色的 DDR 4 或 DDR 5 代内存。显存主要由传统的内存制造商提供，比如三星、现代、Kingston 等（图 2-23）。

3. 显卡 BIOS

显卡 BIOS 主要用于存放显示芯片与驱动程序之间的控制程序，另外还存有显示卡的型号、规格、生产厂家及出厂时间等信息。打开计算机时，通过显示 BIOS 内的一段控制程序，将这些信息反馈到屏幕上。早期显示 BIOS 是固化在 ROM 中的，不可以修改，而现在的多数显示卡则采用了大容量的 EPROM，即所谓的 Flash BIOS，可以通过专用的程序进行改写或升级。

4. 显卡 PCB 板

就是显卡的电路板，它把显卡上的其他部件连接起来，功能类似主板。

2.3.2 显卡接口类型

显卡的接口类型是指显卡与主板连接所采用的接口种类。目前各种 3D 游戏和软件对显卡的要求越来越高，主板和显卡之间需要交换的数据量也越来越大。显卡的接口决定着显卡与系统之间数据传输的最大带宽，也就是瞬间所能传输的最大数据量。

显卡发展至今主要出现过 ISA、PCI、AGP、PCI Express 等几种接口，所能提供的数据带宽依次增加。其中 2004 年推出的 PCI Express 接口已经成为主流，以解决显卡与系统数据传输的瓶颈问题，而 ISA、PCI 接口的显卡已经基本被淘汰。目前市场上显卡一般是

AGP 和 PCI－E 这两种显卡接口。

　　AGP 是 Accelerated Graphics Port(图形加速端口)的缩写,是显示卡的专用扩展插槽,它是在 PCI 图形接口的基础上发展而来的。AGP 规范是 Intel 公司解决电脑处理(主要是显示)3D 图形能力差的问题而出台的。AGP 并不是一种总线,而是一种接口方式。这是一种与 PCI 总线迥然不同的图形接口,它完全独立于 PCI 总线之外,直接把显卡与主板控制芯片连在一起,使得 3D 图形数据省略了越过 PCI 总线的过程,从而很好地解决了低带宽 PCI 接口造成的系统瓶颈问题,如图 2-24 所示。

　　PCI Express(简称 PCI－E)采用了目前业内流行的点对点串行连接,比起 PCI 以及更早期的计算机总线的共享并行架构,每个设备都有自己的专用连接,不需要向整个总线请求带宽,而且可以把数据传输率提高到一个很高的频率,达到 PCI 所不能提供的高带宽。相对于传统 PCI 总线在单一时间周期内只能实现单向传输,PCI－E 的双单工连接能提供更高的传输速率和质量,它们之间的差异跟半双工和全双工类似,如图2-25 所示。

　　PCI－E 的接口根据总线位宽不同而有所差异,包括 X1、X4、X8 以及 X16,而 X2 模式将用于内部接口而非插槽模式。PCI－E 规格从 1 条通道到 32 条通道连接,有非常强的伸缩性,以满足不同系统设备对数据传输带宽不同的需求。此外,较短的 PCI－E 卡可以插入较长的 PCI－E 插槽中使用,PCI－E 接口还能够支持热插拔。PCI－E X1 的 250 MB/s 的传输速度已经可以满足主流声效芯片、网卡芯片和存储设备对数据传输带宽的需求,但是远远无法满足图形芯片对数据传输带宽的需求。因此,用于取代 AGP 接口的 PCI－E 接口位宽为 X16,能够提供 5 GB/s 的带宽,即便有编码上的损耗但仍能够提供约为 4 GB/s 左右的实际带宽,远远超过 AGP 8X 的 2.1GB/s 的带宽。

　　尽管 PCI－E 技术规格允许实现 X1(250 MB/s),X2,X4,X8,X12,X16 和 X32 通道规格,但是依目前形式来看,PCI－E X1 和 PCI－E X16 已成为 PCI－E 主流规格,同时很多芯片组厂商在南桥芯片当中添加对 PCI－E X1 的支持,在北桥芯片当中添加对 PCI－E X16 的支持。

　　在兼容性方面,PCI－E 在软件层面上兼容目前的 PCI 技术和设备,支持 PCI 设备和内存模组的初始化,也就是说过去的驱动程序、操作系统无需推倒重来,就可以支持 PCI－E 设备。目前 PCI－E 已经成为显卡的接口的主流。

图 2-24　带 AGP 接口的主板

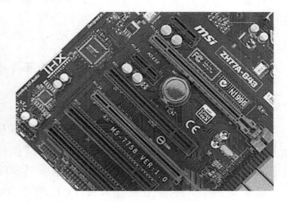

图 2-25　PCI－E 显卡接口

2.3.3　显卡的技术指标

显卡的主要性能指标是分辨率、色深、显卡容量和刷新频率。

1. 分辨率

在显示器上看起来极其精美的图片实际上是由一些不同颜色的点组成的,这些点就称为像素。显卡的分辨率表示显卡在显示器上所能描绘的像素的最大数量,一般以横向点数×纵向点数来表示。例如:分辨率为 1024×768 是指该显卡在显示器屏幕上横向显示1024 个像素,纵向显示 768 个像素。

分辨率越高,在显示器上显示的图像越清晰,图像和文字可以更小,在显示器上可以显示出更多的东西。

2. 色深

色深是指在某一分辨率下,每一个像素点可以显示的颜色的数量,单位为 bit(位)。例如:普通 VGA 在显示分辨率为 320×200 时能够选择 256 种颜色,但是当分辨率调整到更高的 640×480 模式后,它就只能显示 16 种颜色了。8 位的色深就是说每个像素点可以显示 256 种颜色;如果是 16 位色深,每个像素点就可以显示 65536(2^{16})种颜色了。

3. 显存容量

显存用来接收和存储来自 CPU 的图像数据信息。目前主流显存类型采用 GDDR 5 存储芯片。显存容量大小与显卡的性能关系密切,显存容量取决于显卡的最大分辨率和色深,例如:分辨率为 1024×768,色深为 32 bit,那么所需显存的容量为 3 MB,具体计算如下:

$$1024×768×32 \text{ bit}÷8=25165824 \text{ B}$$
$$25165824 \text{ B}÷1024=3072 \text{ KB}$$
$$3072 \text{ KB}÷1024=3 \text{ MB}$$

所以要求:显存容量(KB)≥分辨率×色深÷8÷1024。

4. 刷新频率

在显示器上显示图像并不是连续的、静止的,而是从左向右,从上到下,反复地快速水平扫描和垂直扫描,将屏幕扫描一遍,称为一帧;刷新频率是指图像在显示器上更新的速度,即图像每秒在屏幕上显示的帧数,单位为 f/s(Frame Per Second,帧/秒)。根据人眼的视觉暂留原理,一般当刷新频率达到 30f/s 以上时,人眼不会感觉到图像的闪烁。

5. 核心频率与显存频率

核心频率是指显卡视频处理器(CPU)的时钟频率,显存频率则是指显存的工作频率。显存频率一般比核心频率略低,或者与核心频率相同。显卡的核心频率和显存频率越高,显卡的性能越好。例如:NVIDIA GTX970 的核心频率为 1253MHz,ATI Radeon R9 390 的核心频率为 1010MHz。

6. 显示芯片

显示芯片是显卡的核心芯片,它的性能好坏直接决定了显卡性能的好坏,它的主要任务就是处理系统输入的视频信息并将其进行构建、渲染等工作。显示主芯片的性能直接决定了显示卡性能的高低。不同的显示芯片,不论从内部结构还是其性能,都存在着差异,而其价格差别也很大。目前设计、制造显示芯片的厂家有 NVIDIA、AMD(ATI)、SIS、3DLabs 等公司。

2.3.4 拓展知识

1. NVIDIA 显示芯片系列命名方式

SE 降级版

GS 标准版或高清版

GT 加强版

GTS 加强版到超强版的过渡版本

GTX 超强版

后面数字的含义:以 GTX 960 为例

第一位的 9 代表系列。这个数字可以理解为 iPhone 的 6 差不多就是第几代的意思,6 这个数字就是这个系列中的那一款,数字越大性能越好,一般出到 9 就会出下一代。

第二位的 6 则是产品的定位,1234 是低端卡、5 是中端、67 是中高端(市面主流)、89 是高端。

最后一位暂时可以忽略,有一些带 5 的是在原有基础上改进,如 GTX285。另外也有些特殊的,比如加了 TI 的产品,例如 560TI,560 是 560TI 的缩减版,560TI 的性能比 560 的性能要强 15%～30%。

2. AMD 显示芯片系列命名方式

新一代 AMD 显卡将采用新命名规则,命名方式为 RX － YZ0(例如 R9 － 390)。

R 是固定的,没有特别意义;

X 一般是 9、7、5,分别对应旗舰、中端、低端;

Y 为产品代数,目前新一代的将作为 3 代;

Z 也为数字,标注同系列产品的档次;

0 一般不变,无意义。

2.4 显示器的选购

显示器是一个输出设备,是实现人机对话不可缺少的部件。显卡是主机和显示器的中间设备,它把 CPU 的指令转化成文字或图片在显示器上反映出来。显卡完成的是图形数据处理的任务,最终显示的工作还是要依赖显示器来完成。

作为电脑必不可少的显示设备,随着技术和市场的成熟,液晶显示器已经基本取代了传统的 CRT 显示器。作为普通消费者,虽然没必要对液晶显示器产品的各种功能和专业术语了如指掌,但了解一下相关基础知识和选购技巧却是很有必要的。

2.4.1 显示器的类型

按照显示管分类:可以把显示器分为采用电子枪产生图像的 CRT(Cathode Ray Tube 阴极射线管)显示器、平板显示器 FPD。

平板显示器 FPD(Flat Panel Display),目前在国际上尚没有严格的定义,一般这种显示屏厚度较薄,看上去就像一款平板。平板显示器分为主动发光显示器与被动发光显示器。前者指显示媒质本身发光而提供可见辐射的显示器件,它包括等离子显示器(PDP)、真空荧光显示器(VFD)、场发射显示器(FED)、电致发光显示器(LED)和有机发光二极管显示器(OLED)等。后者指本身不发光,而是利用显示媒质被电信号调制后,其光学特性发生变化,对环境光和外加电源(背光源、投影光源)发出的光进行调制,在显示屏或银幕上进行显示的器件,它包括液晶显示器(LCD)、微机电系统显示器(DMD)和电子油墨(EL)显示器等。目前市场主流显示器为液晶显示器。

按照显示色彩分类:显示器分为单色显示器和彩色显示器。单色显示器已经成为历史。

按照屏幕大小分类:以英寸为单位(1 英寸=2.54 cm),通常有 17 英寸、21 英寸、27 英寸或者更大。

1. CRT 显示器

CRT 显示器分球面显像管和纯平显像管两种,如图 2-26。

所谓球面是指显像管的断面就是一个球面,这种显像管在水平和垂直方向都是弯曲的。而纯平显像管无论在水平还是垂直方向都是完全的平面,失真会比球面管小一点。现在真正意义上的球面管显示器已经几乎绝迹了,取而代之的是"平面直角"显像管。平面直角显像管其实并不是真正意义上的平面,只不过显像管的曲率比球面管小一点,接近平面,而且四个角都是直角而已,目前市场上这种球面管显示器几乎已被淘汰。

图 2-26　CRT 显示器

图 2-27　液晶显示器

2. 液晶显示器

LCD 液晶显示器是采用了液晶控制透光度技术来实现色彩的显示器(图 2-27)。由于通过控制是否透光来控制亮和暗,当色彩不变时,液晶也保持不变,这样就无需考虑刷新率的问题。LCD 显示器还通过液晶控制透光度的技术原理让底板整体发光,所以它做到了真正的完全平面。LCD 液晶显示器辐射很低,即使长时间观看 LCD 显示器屏幕也不会对眼睛造成很大伤害。体积小、能耗低也是 CRT 显示器无法比拟的,一般一台 15 寸 LCD 显示器的耗电量也就相当于 17 寸纯平 CRT 显示器的三分之一。

2.4.2 显示器的技术指标

1. 显示器尺寸

显示面积指显像管的可见部分的面积。显像管的大小通常以对角线的长度来衡量,以英寸为单位。显示面积都会小于显像管的大小,显示面积用长与高的乘积来表示,比如15英寸显示器的显示面积一般是 304.1 mm×228.1 mm。显然,显示面积越大越好,但这意味着价格的大幅上升。

2. 点距(如图 2-28 所示)

若仔细观察报纸上的黑白照片,会发现它们是由很多小点组成。显示器上的文本或图像也是由点组成的,屏幕上点越多越密,分辨率越高。屏幕上相邻两个同色点的距离称为

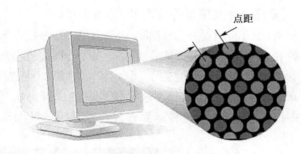

点距

图 2-28 显示器点距

点距。点距的单位为毫米(mm),常见点距规格有 0.2 mm、0.21 mm、0.24 mm、0.25 mm 等,点距有实际点距、垂直点距和水平点距的差别。显示器点距越小,高分辨率下越容易取得清晰的显示效果。

3. 分辨率

分辨率指屏幕上像素的数目,像素是指组成图像的最小单位。例如,640×480 的分辨率是指在水平方向上有 640 个像素,在垂直方向上有 480 个像素。为了控制像素的亮度和彩色深度,每个像素需要很多个二进制位来表示。如果显示 256 种颜色,则每个像素至少需要 8 位(一个字节)来表示,当显示真彩色时,每个像素要用 3 个字节的存储量。每种显示器都有多种分辨率模式供选择。能达到较高分辨率的显示器的性能较好。

2.4.3 显示器液晶面板

一个液晶显示器的好坏首先要看它的面板,因为面板的好坏直接影响到画面的观看效果,并且液晶电视面板占到了整机成本的一半以上,是影响液晶电视的造价的主要因素,所以要选一款好的液晶显示器,首先要选好它的面板。

目前生产液晶面板的厂商主要为三星、LG-Philips、友达等,由于各家技术水平的差异,生产的液晶面板也大致分为几种不同的类型。常见的有 TN 面板、MVA 和 PVA 等 VA 类面板、IPS 面板以及 PLS 面板。

1. TN 面板（Twisted Nematic＋Film）（如图 2-29 所示）

TN 面板是最早广泛应用于桌面显示市场的液晶面板，并且至今仍占据主流液晶显示器老大哥的位置。其原理为最基本的彩色液晶显示，背光板上对应每个像素点的位置都有三条分别只透红绿蓝光的滤光条带，每个像素的每个条带处都有独立的电路驱动对应位置的液晶分子转动，从而不同亮度的红绿蓝三色光混合，使人眼感受到各种颜色。

TN 面板能长期保持强势，最大优势在于拥有成熟的生产工艺，其带来的相对低廉的生产成本，可以为下游厂商降低零售成本从而争取更多客户。选择 TN 面板另一个重要原因在于，它的响应速度直到今天仍旧是其他面板无法比拟的，极限低至 1 ms 的灰阶响应速度，让游戏玩家爱不释手。而 TN 面板也是唯一能达到 120 Hz 刷新频率的面板，可以做出目前最有真实感的快门式 3D 显示器。TN 面板技术最大的软肋莫过于可视角度特别是上下可视角度了。如果不是正对屏幕，基本上都可以见到不同程度的对比度和亮度的变化。中国台湾地区很多面板厂商生产 TN 面板，TN 面板属于软屏，用手轻轻划会出现类似的水纹。

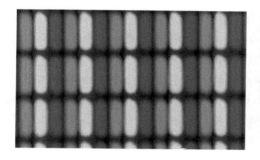

图 2-29　TN 面板液晶排列

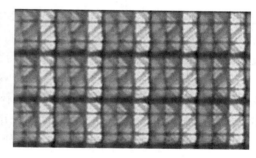

图 2-30　MVA 面板液晶排列

2. VA 类面板（Vertical Alignment）（如图 2-30 所示）

VA 类面板是现在高端液晶应用较多的面板类型，属于广视角面板。和 TN 面板相比，8 bit 的面板可以提供 16.7 M 色彩和大可视角度是该类面板定位高端的资本，但是价格也相对 TN 面板要昂贵一些。VA 类面板又可分为由富士通主导的 MVA 面板和由三星开发的 PVA 面板，其中后者是前者的继承和改良。VA 类面板的正面（正视）对比度最高，但是屏幕的均匀度不够好，往往会发生颜色漂移。锐利的文本是它的杀手锏，黑白对比度相当高。

3. IPS 面板（In Plane Switching）（如图 2-31 所示）

IPS 面板的优势是可视角度高、响应速度快，色彩还原准确，价格便宜。不过缺点是漏光问题比较严重，黑色纯度不够，要比 PVA 稍差，因此需要依靠光学膜的补偿来实现更好的黑色。目前 IPS 面板主要由 LG-飞利浦生产。和其他类型的面板相比，IPS 面板的屏幕较"硬"，用手轻轻划一下不容易出现水纹样变形，因此又有硬屏之称。仔细看屏幕时，如果看到是方向朝左的鱼鳞状像素，加上硬屏的话，那么就可以确定是 IPS 面板了。

图 2-31　IPS 面板液晶排列

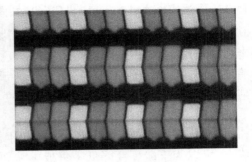

图 2-32　PLS 面板液晶排列

4. PLS 面板（Plane to Line Switching）（如图 2-32 所示）

PLS 面板是三星独家技术研发制造的面板，市场占有率虽然不及 IPS、TN 等面板，但自推出后一直是三星显示器所依赖的面板。PLS 面板之前全称为"Super PLS（Plane-to-Line）"，而 IPS 的全称为"In-Plane Switching"，单从命名上来看，可以发现两者似乎存在一定的关联。首先从屏幕硬度上似乎就可以观察到一点：IPS 之所以被人们称作"硬屏"，是因为其屏幕表面拥有相对较强的硬度；而不论是 PVA 面板还是 MVA 面板，它们屏幕表面材质相对较柔软，因此通常被人们称作"软屏"。而三星的 PLS 在机身外部没有采用任何镜面屏的情况下，其屏幕拥有较强的硬度，与 IPS 面板比较相似，因此我们也可以称 PLS 为三星的"硬屏"。

PLS 面板的驱动方式是所有电极都位于相同平面上，利用垂直、水平电场驱动液晶分子动作。虽然严格意义上不是 IPS 面板的变体，但在性能上与 IPS 非常接近，而其号称生产成本与 IPS 相比减少了约 15%，所以其实在市场上相当具有竞争力。有些厂商甚至利用 PLS 面板冒充 IPS 面板生产显示器，这在某种程度说明了 PLS 面板与 IPS 的相似程度，但显然这是一种误导消费者的行为。

综合来看，TN 面板在画质和可视角度方面，要求稍高的用户就完全不能接受，但是凭着其低廉的售价以及为数不多的优点（响应速度极快，唯一可以达到 120 Hz），依旧能占领显示器面板的大头。而广大中高端用户则更多地可以选择 MVA、PLS 以及 IPS 面板的显示器。在这 3 款显示器中，高端 IPS 自然是处于绝对的地位，但是价钱也是处于绝对的，不推荐专业用户以外使用。而接下来 MVA、PLS 和低端 IPS 的选择就比较困难了，比较产品较为接近。总体来讲，在颜色还原、可视角度上 PLS 以及 IPS 面板均略胜一筹，而 PLS 相对于 IPS 面板理论上成本有优势，价格也比较亲民，为最优选择。不过 PLS 面板可选择的产品相对较少，IPS 以及 MVA 产品也尚未有发挥余地。

2.4.4　拓展知识

1. CRT 显示器工作原理（如图 2-33 所示）

CRT 显示终端的工作原理就是当显像管内部的电子枪阴极发出的电子束，经强度控制、聚焦和加速后变成细小的电子流，再经过偏转线圈的作用向正确目标偏离，穿越荫罩的小孔或栅栏，轰击到荧光屏上的荧光粉。这时荧光粉被启动，就发出光线来。R、G、B 三色荧光点被按不同比例强度的电子流点亮，就会产生各种色彩。

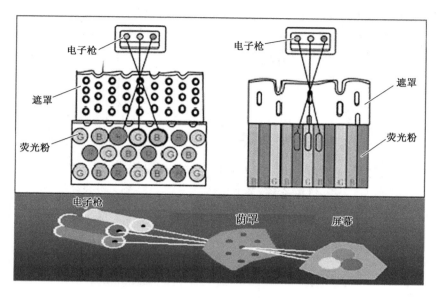

图 2-33　CRT 显示器工作原理图

2. LCD 显示器工作原理（如图 2-34, 图 2-35 所示）

液晶是一种在一定温度范围内呈现既不同于固态、液态, 又不同于气态的特殊物质态, 它既具有各向异性的晶体所特有的双折射性, 又具有液体的流动性。LCD 类型: TN 扭曲向列型液晶, STN 超扭曲向列型液晶, TFT 薄膜晶体管。在平板显示器件领域, 目前应用较广泛的有液晶 (LCD)、电致发光显示 (EL)、等离子体 (PDP)、发光二极管 (LED)、低压荧光显示器件 (VFD) 等。

从液晶显示器的结构来看, 无论是笔记本电脑还是桌面系统, 采用的 LCD 显示屏都是由不同部分组成的分层结构。LCD 由两块玻璃板构成, 厚约 1 mm, 其间由包含有液晶 (LC) 材料的 5 μm 均匀间隔隔开。

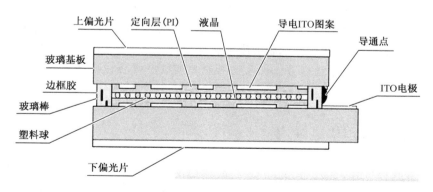

图 2-34　LCD 结构图

背光板发出的光线在穿过第一层偏振过滤层之后进入包含成千上万液晶液滴的液晶层。液晶层中的液滴都被包含在细小的单元格结构中, 一个或多个单元格构成屏幕上的一个像素。在玻璃板与液晶材料之间是透明的电极, 电极分为行和列, 在行与列的交叉点上,通过改变电压而改变液晶的旋光状态,液晶材料的作用类似于一个个小的光阀。在液晶材料周边是控制电路部分和驱动电路部分。当 LCD 中的电极产生电场时,液晶分子就会产生扭曲,从而将穿越其中的光线进行有规则的折射,然后经过第二层过滤层的过滤在屏幕上显示出来。

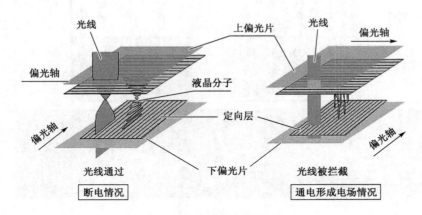

图 2-35 LCD 显示原理

3. 显示器的健康使用

电脑显示器对人有辐射,对人体有危害,有什么办法可以降低辐射吗?如何降低显示器辐射呢?

(1)操作电脑时最好安装一些防辐射的设备,以减轻辐射的危害,室内不要放置闲杂金属物品,以免形成电磁波的再次发射。

(2)使用电脑时,要调整好屏幕的亮度,一般来说,屏幕亮度越大,电磁辐射越强,反之越小。不过,也不能调得太暗,以免因亮度太小而影响效果,且易造成眼睛疲劳。

(3)要注意与屏幕保持适当距离。离屏幕越近,人体所受的电磁辐射越大,因此较好的是距屏幕半米以外。

提示:在每天上午喝 2 至 3 杯的绿茶,吃一个橘子。茶叶中含有丰富的维生素 A 原,它被人体吸收后,能迅速转化为维生素 A。维生素 A 不但能合成视紫红质,还能使眼睛在暗光下看东西更清楚,因此,绿茶不但能消除电脑辐射的危害,还能保护和提高视力。如果不习惯喝绿茶,菊花茶同样也能起着抵抗电脑辐射和调节身体功能的作用。常用电脑的人会感到眼睛不适,视力下降,易产生疲劳。

2.5 声卡的选购

声卡是多媒体计算机的主要部件之一,简单地说,它能够使电脑发出声音,声音质量的好坏和声卡的品质分不开。声卡还有什么功能?它还可以接驳麦克风使你的电脑成为一台录音机,能够接驳电子乐器,能够支持游戏手柄,其作用着实不可忽视。

电脑的第一次发声不是在 PC 机上,而是在 APPLE 的机种上。当时苹果公司的工作人员在一次记者招待会上为大家演示了一段由电脑发出的语音,虽然那样的效果实在不感令人恭维,但在那个"哑巴计算机的年代",仍然相当地吸引人。当然,要让电脑能够发出动听的声音,首先取决于是否使用了合适的声卡。

2.5.1 声卡的类型

声卡发展至今,主要分为板卡式、集成式和外置式三种接口类型,以适应不同用户的需求,三种类型的产品各有优缺点。

图 2-36 PCI 板载声卡结构

1. 板卡式(图 2-36)

板卡式产品是现今市场上的中坚力量,产品涵盖低、中、高各档次,售价从几十元至上千元不等。早期的板卡式产品多为 ISA 接口,由于此接口总线带宽较低、功能单一、占用系统资源过多,目前已被淘汰;PCI 则取代了 ISA 接口成为目前的主流,它们拥有更好的性能及兼容性,支持即插即用,安装使用都很方便。声卡只会影响到电脑的音质,对 PC 用户较敏感的系统性能并没有什么关系。

2. 集成声卡

集成声卡是指芯片组支持整合的声卡类型,比较常见的是 AC'97 和 HD Audio,如图 2-37 所示。使用集成声卡的芯片组的主板就可以在比较低的成本上实现声卡的完整功能。此类产品集成在主板上,具有不占用 PCI 接口、成本更为低廉、兼容性更好等优势,能够满足普通用户的绝大多数音频需求,自然就受到市场青睐。而且集成声卡的技术也在不断进步,PCI 声卡具有的多声道、低 CPU 占有率等优势也相继出现在集成声卡上,它也由此占据了主导地位,占据了声卡市场的大半壁江山。

3. 外置式声卡

外置式声卡是创新公司独家推出的,它通过 USB 接口与 PC 连接,具有使用方便、便于移动等优势。但这类产品主要应用于特殊环境,如连接笔记本实现更好的音质等。如图 2-38 所示为 Creative Sound Blaster X-Fi Surround 5.1 Pro 外置 USB 声卡。

该外置声卡可以和笔记本、台式机、HTPC 等配合,组建桌面影院,将 PC 或笔记本升级为震撼的 5.1 音频娱乐系统。只需连接一根简单的 USB 线，即可享受高品质的高保真音频，再也不用忍受板载集成声卡的折磨了。

图 2-37　AC'97 板载声卡

图 2-38　外置声卡

　　三种类型的声卡中，集成式产品价格低廉，技术日趋成熟，占据了较大的市场份额。随着技术进步，这类产品在中低端市场还拥有非常广阔的前景；PCI 声卡将继续成为中高端声卡领域的中坚力量，毕竟独立板卡在设计布线等方面具有优势，更适于音质的发挥；而外置式声卡的优势与成本对于家用 PC 来说并不明显，一般在音乐制作方面或网络 K 歌方面用到，或用于提升笔记本声卡性能，有时电脑的声卡坏了也可以直接买个外置的声卡。

2.5.2　声卡的输入输出接口（如图 2-39 所示）

　　线型输入接口，标记为"Line In"。Line In 端口将品质较好的声音、音乐信号输入，通过计算机的控制将该信号录制成一个文件。通常该端口用于外接辅助音源，如影碟机、收音机、录像机及 VCD 回放卡的音频输出。

1. 麦克风/话筒插孔
2. 数字音频输入插孔
3. 耳机/音响插孔
4. 耳机/音响插孔
5. MIDI 游戏端口

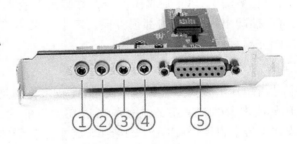

图 2-39　声卡的输入输出接口

　　线型输出端口，标记为"Line Out"。它用于外接音箱功放或带功放的音箱。第二个线型输出端口，一般用于连接四声道以上的后端音箱。

　　话筒输入端口，标记为"Mic In"。它用于连接麦克风（话筒），可以将自己的歌声录下来实现基本的卡拉 OK 功能。

　　扬声器输出端口，标记为"Speaker"或"SPK"。它用于插外接音箱的音频线插头。

　　MIDI 即游戏摇杆接口，标记为"MIDI"。声卡上均带有一个游戏摇杆接口来配合模拟飞行、模拟驾驶等游戏软件，这个接口与 MIDI 乐器接口共用一个 15 针的 D 型连接器（高档声卡的 MIDI 接口可能还有其他形式)。该接口可以配接游戏摇杆、模拟方向盘,也可以连接电子乐器上的 MIDI 接口,实现 MIDI 音乐信号的直接传输。

2.5.3 声卡的技术指标

1. SNR

信噪比(Signal to Noise Ratio),也就是声卡抑制噪音的能力,单位是分贝(dB)。声卡处理的是我们有用的音频信号,而噪音是不希望出现的音频信号,如背景的静电噪音,工作时电流的噪音等,应该尽可能地减少这些噪音的产生,在正常工作状态,没有出现饱失真和与截止的情况下,有用信号的功率和噪音信号功率的比值就是 SNR,SNR 的值越高说明声卡的滤波性能越好,声音听起来也就越清澈。

2. FR

频率响应(Frequency Response),是对声卡 D/A 与 A/D 转换器频率响应能力的评价。人耳的听觉范围是在 20 Hz 到 20 KHz 之间,声卡就应该对这个范围内的音频信号响应良好,最大限度地重现播放的声音信号。

3. THD+N

总谐波失真(Total Harmonic Distortion+Noise),指的是声卡的保真度,也就是声卡的输入信号和输出信号的波形吻合程度,完全吻合当然就是不失真,100%地重现了声音(理想状态);但实际上输入的信号经过了 D/A(数、模转换)和非线性放大器之后,就会出现不同程度的失真,这主要是产生了谐波;THD+N 就是代表失真的程度,并且把噪音计算在内,单位也是分贝,数值越低就说明声卡的失真越小,性能也就越高。

4. AC-97 标准

AC-97 标准全称 Audio Codec,是 INTEL 和微软两大电脑界强手联合制定的针对声卡的规范,要求声卡上的数、模(D/A 与 A/D)转换部分、混音部分和数字音效芯片分离,由单独的芯片完成以达到良好的信噪比,此芯片的正式名称是 CODEC(Coder-decoder)编码/解码器。按照规定,声卡的 SNR 值必须≥80 dB,FR 在±3 dB 之间,THD+N 值至少要高于-60 dB 才算合格。

5. 采样位数

可以理解为声卡处理声音的解析度。这个数值越大,解析度就越高,录制和回放的声音就越真实。

6. 采样频率

这是指录音设备在一秒钟内对声音信号的采样次数,采样频率越高,声音的还原就越真实、越自然。在当今的主流声卡上,采样频率一般共分为 22.05 KHz、44.1 KHz、48 KHz三个等级,22.05 只能达到 FM 广播的声音品质,44.1 KHz 则是理论上的 CD 音质界限,48 KHz则更加精确一些。对于高于 48 KHz 的采样频率人耳已无法辨别出来了,所以在电脑上没有多少使用价值。如今主流的 PCI 声卡大多都已支持 44.1 KHz 的音频播放。

2.5.4 拓展知识

1. 声卡的组成（如图 2-40 所示）

（1）声音控制/处理芯片

（2）功放芯片

（3）声音输入/输出端口

（4）内置的输入/输出端口

（5）MIDI 端口

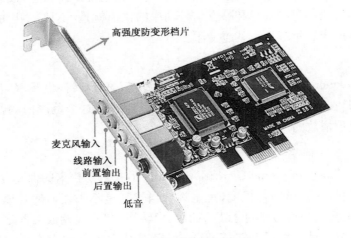

高强度防变形挡片

麦克风输入
线路输入
前置输出
后置输出
低音

图 2-40　声卡的组成

2. 声道

（1）单声道

单声道是比较原始的声音复制形式，早期的声卡采用的比较普遍。当通过两个扬声器回放单声道信息的时候，我们可以明显感觉到声音是从两个音箱中间传递到我们耳朵里的。这种缺乏位置感的录制方式用现在的眼光看自然是很落后的，但在声卡刚刚起步时，已经是非常先进的技术了。

（2）立体声

单声道缺乏对声音的位置定位，而立体声技术则彻底改变了这一状况。声音在录制过程中被分配到两个独立的声道，从而达到了很好的声音定位效果。这种技术在音乐欣赏中显得尤为有用，听众可以清晰地分辨出各种乐器来自的方向，从而使音乐更富想象力，更加接近于临场感受。立体声技术广泛运用于自 Sound Blaster Pro 以后的大量声卡，成为影响深远的一个音频标准。时至今日，立体声依然是许多产品遵循的技术标准。

（3）准立体声

准立体声声卡的基本概念就是：在录制声音的时候采用单声道，而放音有时是立体声，有时是单声道。采用这种技术的声卡也曾在市面上流行过一段时间，但现在已经销声匿迹了。

（4）四声道环绕

随着技术的进一步发展，大家逐渐发现双声道已经越来越不能满足我们的需求。由于

PCI声卡的出现带来了许多新的技术,其中发展最为神速的当数三维音效。三维音效的主旨是为人们带来一个虚拟的声音环境,通过特殊的HRTF技术营造一个趋于真实的声场,从而获得更好的游戏听觉效果和声场定位。而要达到好的效果,仅仅依靠两个音箱是远远不够的,所以立体声技术在三维音效面前就显得捉襟见肘了,但四声道环绕音频技术则很好地解决了这一问题。

四声道环绕规定了4个发音点:前左、前右,后左、后右,听众则被包围在这中间。同时还建议增加一个低音音箱,以加强对低频信号的回放处理(这也就是如今4.1声道音箱系统广泛流行的原因)。就整体效果而言,四声道系统可以为听众带来来自多个不同方向的声音环绕,可以获得身临各种不同环境的听觉感受,给用户以全新的体验。如今四声道技术已经广泛融入于各类中高档声卡的设计中,成为未来发展的主流趋势。

(5) 5.1声道

5.1声道已广泛运用于各类传统影院和家庭影院中,一些比较知名的声音录制压缩格式,譬如杜比AC-3(Dolby Digital)、DTS等都是以5.1声音系统为技术蓝本的,其中".1"声道,则是一个专门设计的超低音声道,这一声道可以产生频响范围20～120 Hz的超低音。其实5.1声音系统来源于4.1环绕,不同之处在于它增加了一个中置单元。这个中置单元负责传送低于80Hz的声音信号,在欣赏影片时有利于加强人声,把对话集中在整个声场的中部,以增加整体效果。相信每一个真正体验过Dolby AC-3音效的朋友都会为5.1声道所折服。

(6) 7.1声道(如图2-41所示)

6.1声道和7.1声道两者非常接近,它们都是建立在5.1声道基础上,将5.1声道的后左、后右声道放在听音者的两侧,在听音者后方加上1或者2个后环绕。其中".1"仍然是指低音音箱,也叫低音炮,用来播放分离的低频声音,在Dolby环绕中用来播放LFE声道。和5.1声道相比,6.1和7.1声道可以

图2-41　7.1声道示意图

获得更真实的从头顶或身边飞过的效果,具有更稳定的声像衬托电影氛围及音乐,使无论是影院还是家庭欣赏都具备更和谐的环绕效果。现在已经有越来越多的电影在录制的时候就采用6.1或者7.1声道,因此在未来,使用6.1和7.1声道的家庭影院也会越来越多。

2.6　音箱的选购

随着电脑的普及,现在越来越多的人都选择用电脑来听音乐。好的音响可以让人们在工作之余悠闲地聆听CD、MP3,或者让人们亲临DVD所带来的虚拟现实,更可让人们投身于越来越接近现实的游戏中,所以多媒体音箱在电脑外设市场中也变得越来越重要。

现在的音箱有很多种,而且价格差距非常大,到底哪种音箱最适合个人电脑的使用?如果

不是从事专业音响方面的工作,一般的个人使用应该选择性价比较高的音箱,只要满足一般的应用就可以了;而有些专门制作音响效果的专业人士可能对音箱会有特殊的要求。

2.6.1 音箱的组成

音箱是将音频信号还原成声音信号的一种装置,是多媒体计算机中一种必不可少的设备。音箱一般由放大器、分频器、箱体、扬声器和接口等部分组成。其中,放大器的作用是将微弱音频信号加以放大,推动喇叭正常发音;分频器的作用是将音频信号按频率高低分为两个或多个频段分别送到相应的扬声器播放,以便获得较好的音响效果;接口则实现声卡与放大器相连。

2.6.2 音箱的接口(如图 2-42 所示)

音箱的输入接口包括:光纤、同轴、PC、AUX 输入;无线输入包括蓝牙、WIFI 等。

光纤、同轴

PC、AUX输入

具有光纤、同轴、PC、AUX多路输入,
真正做到可同时接驳多种音源。光纤、
同轴数字接口可以识别44.1 kHz和48 kHz
采样率的音频信号。

光纤　　同轴　　PC　　AUX

图 2-42　音箱的接口

蓝牙音箱指的是内置蓝牙芯片,以蓝牙连接取代传统线材连接的音响设备,通过与手机、平板电脑和笔记本等蓝牙播放设备连接,达到方便快捷的目的。目前,蓝牙音箱以便携音箱为主,外形一般较为小巧便携,蓝牙音箱技术也凭借其方便人性的特点逐渐被消费者重视和接纳,市面上常见蓝牙音箱多为单声道音箱(单扬声单元),同时也涌现了一些音质优异的多声道音箱(两个或两个以上扬声单元)。对于老式音箱可利用蓝牙音频适配器将其升级为具有蓝牙功能的音箱,如图 2-43 所示。

蓝牙因其传输距离短,穿透性差,不能在线听歌等硬伤,很多人已经将目光转向了 Wifi 音箱。Wifi 音箱以 Wifi 作为通信手段,传输距离远远大于蓝牙,具有超强的穿透力,并且支持在线播放,如图 2-44 所示。

图 2-43　蓝牙音箱　　　　　　　　　图 2-44　Wifi 音箱

2.6.2　音箱的技术指标

音箱是电脑的声音输出设备,电脑使用的音箱一般是有源音箱,分为普通音箱和数字音箱,数字音箱效能更高,远距离传输失真更小,声音信号不会产生干扰,如图 2-45 所示。

图 2-45　Microlab 麦博 梵高 FC728 5.1 高档多媒体音箱

音箱的技术指标参数:

1. 输出功率

它决定了音箱所能发出的最大声音强度。输出功率有额定功率和最大承受功率两种标注方法。额定功率是指在额定频率范围内给扬声器一个规定了波形的持续模拟信号,在一定的时间间隔下重复一定的次数后,扬声器不发生损坏的最大功率;最大承受功率是指扬声器在短时间内所能承受的最大功率。一般以额定功率作为音箱的功率指标。

2. 信噪比

信噪比是指功放最大不失真输出电压与残留噪声电压之比,其单位为分贝(dB),是反映有源音箱噪声大小的参数,同时也是反映有源音箱厂家设计和制造水平的重要标志。

3. 频率范围与频率响应

频率范围是指有源音箱最低有效回放频率与最高有效回放频率之间的范围,单位为Hz。频率响应是指将一个以恒电压输出的音频信号与有源音箱相连时,有源音箱产生的声压和相位随频率变化的规律。声压和相位随频率变化的曲线分别称为幅频特性和相频特性,合称为频率特性,它是考察音箱性能的一个重要指标,单位为 dB。分贝值越小,表示音箱性能越好。

从理论上讲音箱的频响范围应该是越宽越好,应该是在 20 Hz～20 kHz 的范围内。但是事实上受到了很多的限制,比如房间的容积、喇叭的尺寸、音箱的体积等。音箱的频响范围越宽对放大器的要求就越高,否则放大器的缺点全让音箱给暴露了,如果音箱的高音很好,而放大器的高端噪声很大,这时就会听到高频噪音。多媒体音箱的频率范围要求一般在 70 Hz～10 kHz(−3 dB)即可,要求较高的可在 50 Hz～16 kHz(−3 dB)左右。

4. 阻抗

阻抗是指扬声器输入信号的电压与电流的比值,单位为欧姆(Ω),音箱的输入阻抗高于16 Ω,称为高阻抗;低于 8 Ω,称为低阻抗,市场主流产品一般为 4 Ω 或 8 Ω。

5. 灵敏度

音箱的灵敏度是指在给音箱输入端输入 1 W/1 kHz 信号时,在距音箱喇叭平面垂直中轴前方一米的地方所测试得到的声压级。灵敏度的单位为分贝(dB)。音箱的灵敏度越高则放大器的功率需要越小。普通音箱的灵敏度在 85～90 dB 范围内,多媒体音箱的灵敏度则稍低一些。

6. 失真度

音箱的失真度定义与放大器的失真度基本相同,不同的是放大器输入的是电信号,输出的还是电信号,而音箱输入的是电信号,输出的则是声音信号。所以音箱的失真度是指电—声信号转换的失真。声音的失真允许范围是 10% 内,一般人耳对 5% 以内的失真基本不敏感。

2.6.3 拓展知识

音箱的种类

(1) 有源音箱

有源音箱(Active Speaker)又称为主动式音箱。通常是自带有功率放大器的音箱,如多媒体计算机音箱、有源超低音箱,以及一些新型的家庭影院有源音箱等。有源音箱由于内置了功放电路,使用者不必考虑与放大器匹配的问题,同时也便于用较低电平的音频信号直接驱动。有源音箱通常标注了内置放大器的输出功率、输入阻抗和输入信号电平、输入信号的频率特性(如全频带信号还是低频信号)、低通滤波器特性等参数。

(2) 无源音箱

无源音箱(Passive Speaker)又称为被动式音箱。无源音箱即通常采用的,内部不带功放电路的普通音箱。无源音箱虽不带放大器,但常常带有分频网络和阻抗补偿电路等。无源音箱一般标注阻抗、功率、频率范围等参数。

2.7 键盘和鼠标的选购

键盘和鼠标可以说是电脑的各种设备中价格相对最便宜的,但它们却可以说是必不可少的关键设备。键盘是我们在操作电脑时最常用到的输入设备,而鼠标为我们操作电脑提供了诸多方便,它们的作用绝对不可小视。

一方面要根据普通家用电脑的标准来选择键盘和鼠标,另一方面也要考虑到连线方式和保证使用寿命的问题,还要考虑到网络的快速发展可能带来的影响。

2.7.1 键盘的组成、工作原理和分类

1. 键盘的组成

键盘的内部有一块微处理器,它控制着键盘的全部工作,比如主机加电时键盘的自检、扫描、扫描码的缓冲以及与主机的通信等。当一个键被按下时,微处理器便根据其位置,将字符信号转换成二进制码,传给主机和显示器。如果操作人员的输入速度很快或 CPU 正在进行其他的工作,就先将键入的内容送往内存中的键盘缓冲区,等 CPU 空闲时再从缓冲区中取出暂存的指令分析并执行,如图 2-46 所示。

图 2-46 键盘微处理器

2. 键盘的分类

按照键盘的结构来分,我们可以将键盘分为薄膜键盘(如图 2-47 所示)和机械键盘(如图 2-48 所示)。我们平常家里或者办公室使用的基本上都是普通薄膜键盘。但在网吧等一些公共场所,机械键盘就比较常见了。

机械键盘和普通薄膜键盘的区别:

在按键冲突问题上:由于键帽底下的结构不同,机械键盘至少可以做到 6 键无冲突,好的机械键盘甚至可以做到全键无冲突,而普通薄膜键盘只能做到 2 键或 3 键无冲突。这在玩游戏时体现得最明显。比如普通键盘在玩某枪战类游戏时,如果按住 WD 往右前方跑,是无法同时按下 2 来切换手枪类型的。

在手感上:机械键盘和薄膜键盘的键帽都是通过 T 形键帽包上一个弹簧,往下按压的

时候弹簧收缩,T 字最下面碰到薄膜触点/金属触点来闭合开关。区别在于,薄膜键盘只是简单的弹簧,压力和距离成正比,而且下方的薄膜触点寿命比较短。机械键盘通过特殊的设计,使得击键有非正比的压力变化和段落感,所以手指获得的反馈信息比较多,键的反弹和阻力很舒服,打字更有手感。并且使用一段时间后,这种效果变化不大,这是普通键盘很难做到的。

在使用寿命上:机械键盘的使用寿命比较长,而且发展到现在比普通键盘稳定得多。所以一般会看到银行窗口等单位大多使用机械键盘。

在价格上:机械键盘的价格 300～800 元不等,好的品牌机械键盘上千也不足为奇,而普通键盘几十块钱的也挺多的。

从敲击声音上:相对于普通薄膜键盘来说,机械键盘的敲击声音大是它的一大缺点,但也有好的静音机械键盘,这个就比较昂贵了,而普通薄膜键盘一般来说敲击声音都很小。

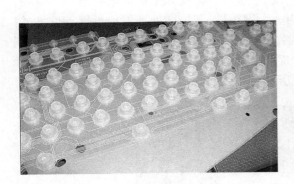

图 2-47　薄膜键盘内部构造

图 2-48　机械键盘内部构造

2.7.2　鼠标的组成、工作原理和分类

鼠标分很多种类型,PS/2 鼠标、USB 鼠标和无线鼠标;有双键、三键鼠标,还有带放大镜功能的鼠标;有光电鼠标和激光鼠标等。

1. 鼠标的接口类型

鼠标按接口类型可分为 PS/2 鼠标、USB 鼠标、无线鼠标等。PS/2 鼠标通过一个六针微型 DIN 接口与计算机相连,它与键盘的接口非常相似,使用时注意区分;USB 鼠标的接口在 USB 总线接口上;无线鼠标可以通过蓝牙(Bluetooth)、2.4G 等技术进行连接。

2. 鼠标的工作原理

鼠标的种类有很多,目前常用的鼠标按照定位原理分为普通光电鼠标、激光鼠标和蓝影鼠标,可能大部分用户并不了解它们之间的区别,只有少数游戏玩家听说过这些鼠标种类。下面我们就来说说它们之间的区别和优缺点。

(1) 普通光电鼠标

定位原理:红光侧面照射,棱镜正面捕捉图像变化。

优缺点:成本低,足以应付日常用途,对反射表面要求较高,所以购买使用还是要配个合适的鼠标垫(偏深色、非单色、非镜面较为理想),缺点是分辨率相对较低。

分辨率典型值:1 000 dpi,正常范围 800～2 500 dpi。

普通光电鼠标器是通过红外线检测鼠标器的位移,将位移信号转换为电脉冲信号,再通过程序的处理和转换来控制屏幕上的光标箭头的移动的一种硬件设备。光电鼠标的光电传感器取代了传统的滚球。这类传感器需要与特制的、带有条纹或点状图案的垫板配合使用。

（2）激光鼠标（如图 2-49 所示）

定位原理:激光侧面照射,棱镜侧面接收。

优缺点:成本高,虽然激光鼠标分辨率相当高,对反射表面要求低,也就是对激光鼠标垫的要求很低,但是也并非传说中的无所不能,还是配个合适的鼠标垫为好。激光鼠标具有很高的分辨率,实际上价格并非贵得离谱,而且鼠标真正的成本是花费在无线收发器和模具上,缺点暂时没发现。

分辨率典型值:5 000 dpi,也有小于 2 000 分辨率的低端产品。

激光鼠标其实也是光电鼠标,只不过是用激光代替了普通的 LED 光。好处是可以通过更多的表面,因为激光是相干光(Coherent Light),几乎单一的波长,即使经过长距离的传播依然能保持其强度和波形;而 LED 光则是非相干光(Incoherent Light)。

（3）蓝影鼠标（如图 2-50 所示）

定位原理:蓝光侧面照射,棱镜侧面接收。

特点:成本略低,对反射表面要求低,当然如果要很好的效果,还是应该保证最佳的反射面。缺点暂时没发现。

图 2-49　激光游戏鼠标　　　　图 2-50　微软蓝影鼠标

分辨率典型值:4 000 dpi,也有小于 2 000 分辨率的低端产品。

采用 Blue Track(蓝影技术)的鼠标产品使用的是可见的蓝色光源,可它并非利用光学引擎的漫反射阴影成像原理,而是利用目前激光引擎的镜面反射点成像原理。

蓝影技术并不是光学引擎和激光引擎的简单综合,而是提高鼠标适应能力的高效的解决方案。首先,蓝色光属于短波光线,虽然无法同激光引擎发射出的非可见光相比,但是蓝色光的短波优势让它同样具备了优秀的反射效果,通过反射让物体细节得到了更细致的反映。蓝影技术的成像端使用的是视角更宽的广角镜头,能够抓取更大范围的物体表面的细节图像,因此对鼠标移动轨迹的分析也会变得更加细致。上述特性给予蓝影技术更强的表面适应能力,无论是在表面光滑的大理石台面上,还是在粗糙的客厅地毯上都能够精确定位。

将传统光学引擎与激光引擎相结合的蓝影技术,让微软鼠标产品具备了超强的表面适应能力以及精确无比的定位能力,使采用 LED 可见光源的鼠标产品具备了超越激光引擎产品的整体实力。而在成本方面,由于 LED 光源相对于激光二极管具有更加低廉的成本,所以采用蓝影技术的鼠标产品的实际成本反而会比激光引擎的产品成本更低。

2.7.3 拓展知识

1. 键盘和鼠标的接口类型

(1) PS/2 接口(如图 2-51)

图 2-51　PS/2 接口　　　　　　　　　　　图 2-52　USB 接口

(2) USB 接口(图 2-52)

2. 键盘和鼠标的连接方式

(1) 有线连接

有线连接是最普遍、最常见的连接方式,其优点是价格相对较低,由电脑主机供电,不需要额外的电源,而且信号传输稳定,不容易受到干扰;缺点是使用范围要受到键盘连线长度的制约,在某些场合应用不方便。

(2) 无线连接

无线连接方式没有键盘连线的束缚,可在离电脑主机较远距离的较大范围使用,特别适用于某些特殊场合;其缺点是价格相对较高,需要额外的电源,必须定期更换电池或充电,而且信号传输相对易受干扰。无线连接的具体方式可分为无线鼠标可以通过蓝牙(Bluetooth)、优联(Uniflying 罗技鼠标专利)、2.4 GHz 技术等。

2.4 GHz 无线技术,是一种短距离无线传输技术,双向传播,抗干扰性强,耗电少,而可以在 10 m 距离内接触到电脑,中间还可以隔墙。另外,2.4 G 传输速率达到 2 Mbps,而且不需要不间断的工作,因此在功耗方面有着很大的优势,并且使用自动调频技术,还可进行双向传输,这样就很好地保证了信号的连续性。2.4 G 无线鼠标都配备了一个 nano 接收器(如图 2-53 所示),个子小,可方便收纳进鼠标里。2.4 G 无线鼠标的接收器,只能是一对一工作模式。目前罗技公司的优联(Unifying)技术支持同时连接六台罗技优联设备,只需将罗技 nano 接收器插入电脑,即可在同一台电脑上通过一个 USB 端口连接多个鼠标和键盘。

蓝牙(Bluetooth)为一短距离无线传输的通信技术,基本型通信距离约 10 m,支持一对

图 2-53　nano 接收器

多资料传输及语音通信。蓝牙技术是一种基于 2.4 G 技术的无线传输协议,由于采用的协议不同,所以有别于其他 2.4 G 技术而被称之为蓝牙技术。蓝牙鼠标无需接收器,只需共用任何带蓝牙功能的产品即可实现连接操作;蓝牙模块可以实现一对多的工作模式。蓝牙标准的最高传输速率为 1 Mbps,相对 2.4 GHz 来说只是它的一半,不过由于蓝牙设备都有统一的标准,所以任何蓝牙设备在一定范围内都可以互相配对、连接,可以更加广泛的使用,优势非常明显。由于蓝牙技术需要交纳一定数额的专利费用,所以蓝牙产品的价格也相对较高。

2.8　打印机的选购

打印机是电脑的主要输出设备之一,虽然并不是所有电脑一定要配置打印机,但是对于家用电脑和一般的商用电脑来说,打印机是非常方便和重要的部件,在日常工作、学习和生活中会经常用到。

现在的打印机已经得到了广泛的应用,各种新型实用的打印机应运而生,一改以往针式打印机一统天下的局面。目前,在打印机领域形成了针式打印机、喷墨打印机、激光打印机三足鼎立的主流产品,各自发挥其优点,满足各界用户不同的需求。一般家用和商用会在喷墨打印机和激光打印机里面来进行选择,而从成本和使用频率来考虑,普通喷墨打印机应该是家用的最好选择。

2.8.1　打印机的类型

从打印机原理上来说,市面上较常见的打印机大致分为喷墨打印机、激光打印机和针式打印机。

1. 激光打印机(如图 2-54 所示)

激光打印机又可以分为黑白激光打印机和彩色激光打印机两大类。激光打印机有着较为显著的几个优点,包括打印速度快、打印品质好、工作噪声小等。而且随着价格的不断下调,现在已经广泛应用于办公自动化(OA)和各种计算机辅助设计(CAD)系统领域。过去的彩色激光打印机一直是面对专业领域,而成本方面彩色激光打印机的整机和耗材也均价格不菲,到目前为止彩色激光打印机其主机与耗材都是很多用户最终舍激光而求喷墨的主要原因。但其打印色彩表现逼真、安全稳定、打印速度快、寿命长、总体拥有成本较低等特点,相信随着彩色激光打印机技术的发展和价格的下降,会有更多的企业用户选择彩色激光打印机。

图 2-54　彩色激光打印机

2. 喷墨打印机(如图 2-55 所示)

喷墨打印机根据产品的主要用途可以分为 3 类:普通型喷墨打印机,数码照片型喷墨打印机和便携式喷墨打印机。

普通型喷墨打印机是目前最为常见的打印机。它的用途广泛,可以用来打印文稿,打印图形图像,也可以使用照片纸打印照片。普通型喷墨打印机从 300 多元的低端经济型产品,到价格三四千元的高端产品都有。用户可以根据自己的需要进行选择。

数码照片型喷墨打印机在用途上和普通型喷墨打印机的用户实际上是基本相似的,不同的是它具有数码读卡器,可以直接地接驳数码照相机的数码存储卡(能够支持几种数码存储卡需要视打印机的数码读卡器情况而定)和直接接驳数码相机,在没有电脑支持的情况下直接进行数码照片的打印,目前此类产品价格从千元到四五千元的都有。

便携式喷墨打印机指的是那些体积小巧,一般重量在 1 kg 以下,可以比较方便的携带,并且可以使用电池供电,在没有外接交流电的情况下也能够使用的产品。这类产品一般多与笔记本电脑配合使用(如图 2-56 所示)。

喷墨打印机按工作原理可分为固态喷墨和液态喷墨两种。固态喷墨是美国泰克(Tektronix)公司的专利技术,它使用的相变墨在常温下为固态,打印时墨被加热液化后喷射到纸张上,并渗透其中,附着性相当好,色彩极为鲜艳。但这种打印机昂贵,适合于专业用户选用。我们通常所说的喷墨打印机指的是采用液态喷墨技术的打印机。

图 2-55　喷墨打印机

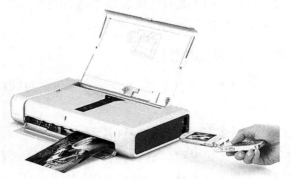

图 2-56　便携式无线喷墨打印机

3. 针式打印机（如图 2-57 所示）

针式打印机的特点是：结构简单、技术成熟、性能价格比好、消耗费用低。针式打印机虽然噪声较高、分辨率较低、打印针易损坏，但近年来由于技术的发展，较大地提高了针式打印机的打印速度、降低了打印噪声、改善了打印品质，并使针式打印机向着专用化、专业化方向发展，使其在银行存折打印、财务发票打印、记录科学数据连续打印、条形码打印、快速跳行打印和多份拷贝制作等应用领域具有其他类型打印机不可取代的功能。

图 2-57　针式打印机

2.8.2　打印机的技术指标

1. 分辨率

分辨率一般都用 dpi 这个单位来衡量，300 dpi 是人眼分辨打印文本与图像的边缘是否有锯齿的临界点，再考虑到其他许多因素一般选用分辨率在 360 dpi 以上的打印机就可以了。360 dpi 是指该打印机在输出图像时，在每英寸打印纸上可以打印出 360 个表征图像输出效果的色点，也就是说，如果分辨率越大的话，图像输出的色点也就越小、越多，因此图像就会更加细腻而真实。

2. 打印速度

评价一台打印机是否优异，不仅要看打印图像的品质，还要看它是否有良好的打印速度，不过这一点对于家庭用户来说，可能并不显得十分重要。一般打印机的打印速度是用每分钟打印多少页纸来衡量的，厂商在标注产品的技术指标时通常还会分别区分黑白和彩色两种打印速度。打印速度的快慢主要取决于覆盖面积的不同，大家都知道在打印文本和图像的时候打印速度会有所不同，另外分辨率也直接关系到打印速度的快慢，如果分辨率越高，打印速度自然也就越慢了。

3. 打印成本

由于打印机不是属于一次性资金投入的办公设备，因此打印成本自然也就成为打印用户必须关注的指标之一。打印成本主要考虑打印所用的纸张价格和耗材的价格，以及打印机自身的购买价格等。对于普通打印用户来说，在购买打印机时应该考虑去选择使用成本低的产品。例如许多类型的喷墨打印机，在普通打印纸上输出黑白文字时会产生不错的效果,不过要输出色彩很丰富的图像时,就需要在专业打印纸上进行,才能达到理想效果,这样就意味着日后的打印成本将会增加。因此,大家在选择打印机时,应该从长远角度出发,选择一款打印成本低廉的打印机。当然,我们也不能片面追求打印成本的低廉,而去使用那些伪劣的打印耗材,这样做表面上是节省了打印费用,实际上会给打印机的寿命带来潜在的危险。

4. 打印幅面

所谓打印幅面其实很简单,就是打印机所能打印的纸张的大小。一般对于家庭用户来说,打印到 A4 纸已经足够了,像一些企业和公司可能会需要能够打印 A3 幅面纸张的打印机,能够打印的幅面越大,打印机的价格也就越昂贵,还有一些支持信封、请柬等特殊纸张打印的打印机价格也比普通的要稍贵一些。

5. 色彩数目

色彩数目是衡量彩色喷墨打印机包含彩色墨盒数多少的一种参考指标,该数目越大就意味着打印机可以处理更丰富的图像色彩。就目前打印市场来看,红、黄、蓝三色喷墨打印机正随着新兴的四原色喷墨打印机的逐步推广而渐渐退出市场。对于不少有着特殊要求的专业用户来说,比普通的三色多出了黑色、淡蓝色以及淡红色的六色喷墨打印机,凭借其良好的图形打印效果而更符合这些专业用户的胃口,因为六色喷墨打印机有着更细致入微的色彩表现力。在处理包含丰富色彩的彩色照片时,色彩数目越多的打印机其打印效果比色彩数目少的打印机输出效果要好许多,因为多增加了不同色彩的墨水,使喷墨打印机的调配色彩更加多样化,输出来的照片色彩自然也就更逼真了,特别是颜色过渡得非常自然。

2.8.3 打印机耗材

打印机耗材分原装耗材、通用耗材、兼容耗材;分为国产和进口,国产有联想、格之格、欣格等;一般原装进口打印机耗材质量最好,国产打印机耗材性价比高,质量也不错,有些可以和原装进口相媲美,耗材种类有:硒鼓、墨盒、碳粉、色带等,根据打印机的种类各归其主。

按打印机类型分,打印机耗材大概可以有如下分类:

1. 针式打印机色带(如图 2-58 所示)

针式打印机色带,分宽带和窄带。部分色带可以单独更换,部分色带须连色带架一起更换。可以根据需要,更换不同颜色的色带。

图 2-58 针式打印机色带

2. 喷墨打印机：墨盒、墨水

喷墨打印机的耗材就是墨盒与墨水，墨盒里的墨水用完了需要买新的墨盒或是加墨水（如图 2-59，图 2-60 所示）。

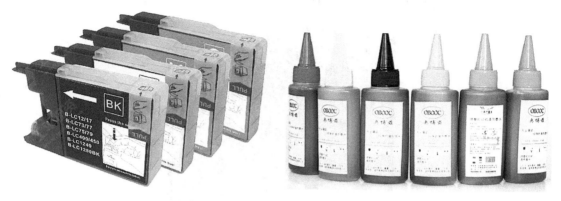

图 2-59　墨盒

图 2-60　墨水

3. 激光打印机：墨粉、硒鼓

有些激光打印机的墨粉和硒鼓是可以分离的，墨粉用完后，可以方便地填充墨粉，然后继续使用，直到硒鼓老化更换；有些激光打印机墨粉和硒鼓是一体的，墨粉用完后，硒鼓要弃掉，造成一定的浪费。硒鼓的成本占整机成本很大一部分比例（如图 2-61 所示，图 2-62 所示）。

图 2-61　硒鼓

图 2-62　墨粉

2.9　机箱和电源的选购

简单地说，机箱主要是给主板、硬盘、光驱等设备提供一个安装的空间，以便于运输和使用的方便，而合适的机箱选择会帮助我们节省空间和便于更换配件。另外，电源的稳定性也与电脑很多部件的正常使用有着重要的关系。

家用的机箱主要是考虑放置的空间位置和方便使用，当然也要便于以后的升级，甚至还要考虑到插座的位置和搬动的方便。电源则要考虑稳定性和散热等方面的因素，安全性是非常关键的。

2.9.1 机箱的类型和结构

机箱一般包括外壳、支架、面板上的各种开关、指示灯等。外壳用钢板和塑料结合制成,硬度高,主要起保护机箱内部元件的作用;支架主要用于固定主板、电源和各种驱动器。

图 2-63 ATX 机箱

机箱分为立式和卧式,在立式和卧式机箱中,各自类型的高矮和宽窄还有所不同。有 AT 机箱和 ATX 机箱(如图 2-63 所示),AT 机箱适用于 AT 电源和 AT 主板,ATX 机箱适用于 ATX 电源和 ATX 主板(目前主流)。

机箱有很多种类型。现在市场比较普遍的是 AT、ATX、Micro ATX 以及最新的 BTX。AT 机箱的全称应该是 BaBy AT,主要应用到只能支持安装 AT 主板的早期机器中。ATX 机箱是目前最常见的机箱,支持现在绝大部分类型的主板。Micro ATX 机箱是在 ATX 机箱的基础之上建立的,为了进一步的节省桌面空间,因而比 ATX 机箱体积要小一些。各个类型的机箱只能安装其支持的类型的主板,一般是不能混用的,而且电源也有所差别。所以大家在选购时一定要注意。

最新推出的 BTX,就是 Balanced Technology Extended 的简称。是 Intel 定义并引导的桌面计算平台新规范。BTX 架构,可支持下一代电脑系统设计的新外形,能够在散热管理、系统尺寸和形状,以及噪音方面实现最佳平衡。

BTX 新架构特点:支持 Low-profile,也即窄板设计,系统结构将更加紧凑;针对散热和气流的运动,对主板的线路布局进行了优化设计;主板的安装将更加简便,机械性能也将经过最优化设计。基本上,BTX 架构分为三种,分别是标准 BTX、Micro BTX 和 Pico BTX。

从尺寸上来看全系列的 BTX 平台主板都没有比 ATX 主板小,所以 BTX 的发展侧重并不为更小的桌上型计算机,但较具弹性的电路布线及模块化的组件区域,才是 BTX 的重点所在。BTX 机箱相比 ATX 机箱最明显的区别,就在于把以往只在左侧开启的侧面板,改到了右边。而其他 I/O 接口,也都相应地改到了相反的位置,如图 2-64 所示。

BTX 机箱内部则和 ATX 有着较大的区别,其最让人关注的设计重点就在于对散热方面的改进,CPU、图形卡和内存的位置相比 ATX 架构都完全不同,CPU 的位置完全被移到了机箱的前板,而不是原先的后部位置,这是为了更有效地利用散热设备,提升对机箱内各个设备的散热效能。为此,BTX 架构的设备将会以线性进行配置,并在设计上以降低散热气流的阻抗因素为主;通过从机箱前部向后吸入冷却气流,并顺沿内部线性配置的设备,最后在机箱背部流出。这样设计不仅更利于提高内部的散热效能,而且也可以因此而降低散热设备的风扇转速,保证机箱内部的低噪音环境。

图 2-64　BTX 机箱

除了位置变换之外,在主板的安装上,BTX 也进行了重新规范,其中最重要的是 BTX 拥有可选的 SRM(Support and Retention Module)支撑保护模块,它是机箱底部和主板之间的一个缓冲区,通常使用强度很高的低碳钢材来制造,能够抵抗较强的外来力而不易弯曲,因此可有效防止主板的变形。

另外,机箱还有超薄、半高、3/4 高、全高和立式、卧式机箱之分。在选择时最好以标准立式 ATX 和 BTX 机箱为准,因为它空间大,安装槽多,扩展性好,通风条件也不错,完全能适应大多数用户的需要。

2.9.2　电源的类型

从 IBM 推出第一台 PC 至今,微机电源已从 AT 电源发展到 ATX 电源。时至今日,微机电源仍是根据 IBM 公司的个人电脑标准制造的。市场上的 ATX 电源,不管是品牌电源还是杂牌电源,从电路原理上来看,一般都是在 AT 电源的基础上做了适当的改动发展而来的,因此,我们买到的 ATX 电源,在电路原理上一般都大同小异。

PC 电源从规格上主要可以划分为以下 3 大类型。

1. AT 电源

AT 电源的功率一般都在 150～250 W 之间,有 4 路输出(±5 V,±12 V),另外向主板提供一个 PG(接地)信号。输出线为两个 6 芯插座和几个 4 芯插头,其中两个 6 芯插座为主板提供电力。AT 电源采用切断交流电的方式关机,不能实现软件开关机,这也是很多电脑用户不满的地方所在。AT 电源在市场上已不多见,在安装 AT 电源到主板的电源插座上时,一定要分清两个插头的方向,两个插头带黑线的一边要紧挨靠拢,然后再插入主板插座中,不然插反了就会烧坏主板。

2. ATX 电源(如图 2-65 所示)

ATX 电源是 Intel 公司 1997 年 2 月开始推出的电源结构,和以前的 AT 电源相比,在外形规格和尺寸方面并没有发生什么本质上的变化,但在内部结构方面却做了相当大的改动。最明显的就是增加了 ±3.3 V 和 5 V StandBy 两路输出和一个 PS-ON 信号,并将电源输出线改为了一个 20 芯的电源线为主板供电。CPU 处理器工作频率不断提高,为了降低 CPU 处理器的功耗、减少发热量,就需要设计者降低芯片的工作电压。从这个意义上讲,电源就需要直接提供一个 ±3.3 V 的输出电压,而那个 5 V 的电压也叫做辅助正电压,只要接通 220 V 交流电就会有电压输出。而 PS-ON 信号是主板向电源提供的电平信号,低电平时电源启动,高电平时电源关闭。

利用 5 V StandBy 和 PS-ON 信号,就可能实现软件开关机、键盘开机、网络唤醒等功能。换句话讲,使用 ATX 电源的主板只要向 PS-ON 发送一个低电平信号就可以开机了,而主板向 PS-ON 发送一个高电平信号就又可以实现关机。其中辅助 5 V 电压始终是处于工作状态,这也就是希望用户在插拔硬件设备的时候要关闭电源的原因,因为这个 5 V 在系统使用 STR 功能时,提供电压给整个系统,当用户取出内存时,就很有可能因热插拔而造成硬件损坏。

图 2-65　ATX 电源

3. Micro ATX 电源

Micro ATX 是 Intel 公司在 ATX 电源的基础上改进的标准电源,其主要目的就是降低制作成本。Micro ATX 电源与 ATX 电源相比,其最显著的变化就是体积减小、功率降低。ATX 标准电源的体积大约是 150 mm×140 mm×86 mm,而 Micro ATX 电源的体积则是 125 mm×100 mm×63.5 mm。ATX 电源的功率为 200 W 左右,而 Micro ATX 电源的功率只有 90~150 W 左右。目前 Micro ATX 电源大都在一些品牌机和 OEM 产品中使用,零售市场上很少看到。

2.9.3 电源的主要技术指标

1. 电源功率

电源最主要的性能参数,一般指直流电的输出功能,单位是瓦特,现在市场上有 250 W 和 300 W 两种。功率越大,代表可连接的设备越多,电脑的扩充性就越好。随着电脑性能的不断提升,耗电量也越来越大,大功率的电源是电脑稳定工作的重要保证,电源功率的相关参数在电源标识上一般都可以看到。

2. 过压保护

AT 电源的直流输出有 ±5 V 和 ±12 V,ATX 电源的输出多了 3.3 V 和辅助性 5 V 电压。若电源的电压太高,则可能烧坏电脑的主机及其插卡,所以市面上的电源大都具有过压保护的功能。即当电源一旦检测到输出电压超过某一值时,就自动中断输出,以保护板卡。

3. 噪声和滤波

输入 220 V 的交流电,通过电源的滤波器和稳压器变换成低压的直流电。噪声大小用于表示输出直流电的平滑程度,而滤波品质的高低代表输出直流电中包含交流成分的高低。噪声和滤波这两项性能指标需要专门的仪器才能定量分析。

4. 瞬间反应能力

瞬间反应能力也就是电源对异常情况的反应能力,它是指当输入电压在允许的范围内瞬间发生较大变化时,输出电压恢复到正常值所需的时间。

5. 电压保持时间

在微机系统中应用的 UPS(不间断电源)在正常供电状态下一般处于待机状态,一旦外部断电,它会立即进入供电状态,不过这个过程需要大约 2～10 ms 的切换时间,在此期间需要电源自身能够靠内部储备的电维持供电。一般优质电源的电压保持时间为 12～18 ms,都能保证在 UPS 切换到供电期间维持正常供电。

6. 电磁干扰

电源在工作时内部会产生较强的电磁振荡和辐射,从而对外产生电磁干扰,这种干扰一般是用电源外壳和机箱进行屏蔽,但无法完全避免这种电磁干扰,为了限制它,国际上制定了 FCCA 和 FCCB 标准,国内也制定了国标 A(工业级)和国标 B(家用电器级),优质电源都能通过 B 级标准。

7. 开机延时

开机延时是为了向微机提供稳定的电压而在电源中添加的新功能,因为在电源刚接通电时,电压处于不稳定状态,为此电源设计者让电源延迟 100～500 ms 之后再向微机供电。

8. 电源效率和寿命

电源效率和电源设计电路有密切的关系,提高电源效率可以减少电源自身的电源损耗和发热量。电源寿命是根据其内部的元器件的寿命确定的,一般元器件寿命为 3～5 年,则电源寿命可达 8 万～10 万小时。

9. 电源的安全认证

为了避免因电源质量问题引起的严重事故,电源必须通过各种安全认证才能在市场上销售,因此电源的标签上都会印有各种国内、国际认证标记。其中,国际上主要有 FCC、UL、CSA、TUV 和 CE 等认证,国内认证为中国的安全认证机构的 CCEE 长城认证。

2.9.4 拓展知识

1. PC 电源变迁

(1) ATX12V 与 ATX2.03 的比较

ATX12V 加强了 +12VDC 端的电流输出能力,对 +12V 的电流输出、涌浪电流峰值、滤波电容的容量、保护等做出了新的规定。

ATX12V 增加的 4 芯电源连接器为 P4 处理器供电,供电电压为 +12V。

ATX12V 加强了 +5VSB 的电流输出能力,改善主板对即插即用和电源唤醒功能的支持。

(2) ATX12V 电源供电规范之间的特性比较

1.3 版加强了 +12V 的输出能力,以适应 INTEL 新型的 Prescott 大功率 CPU。

1.3 版电源效率有所提高。

1.3 版取消了 -5V 的输出端口,后期引入 PCIE 供电接口。

2.0 版进一步加强 +12V 的输出能力,+12V 采用两组输出,分为 +12VDC1、+12VDC2,有一组专为 CPU 供电,提升电源的效率。

2.2 版进一步提升 CPU 供电能力,引入 8 pin 服务器供电标准。

2.3 版进一步改善 CPU 与显卡能耗变化后的电流分配。

2.31 版进一步提升均衡负载、防辐射、无毒节能等特性。

2. 模组电源和非模组电源(如图 2-66,图 2-67 所示)

模组电源,通常来讲指的是接口模组化,电源外部露出各个不同的接口,相当于可以把非模组电源的线拔下来。非模组电源要简单得多,它是指电源的供电输出线缆没有固定在电源上,而是可以选择性的使用,需要的时候接在电源上,不需要就拔下来。

就外观来说,模组电源与非模组电源最大的不同就是线材,模组电源需要自己动手接上需要的线材,而非模组电源则无法按照自己的需求链接线材,你需不需要,线材就在那里。主流非模组电源标配一般都是 1 个 20+4pin 主电源接口、1 个 4+4pin CPU 供电接口、1 个 6+2pin 显卡接口、几个大 4pin 接口、几个小 4pin 接口、几个 SATA 硬盘供电接口。而模组电源可以提供更多的接口,比如双显卡接口,更多的 SATA 接口等。

我们知道,目前 NVIDIA 和 ATI(AMD)都有各自的多卡并联技术,N 卡可以 3 路 SLI(也称速力,是英伟达公司的专利技术。它是通过一种特殊的接口连接方式,在一块支持多个 PCI-E X16 的主板上,同时使用多块的 PCI-E 显卡),而 A 卡则可以 4 路 Cross Fire(中文名交叉火力,简称交火,是 ATI 的一款多重 GPU 技术,可让多张显示卡同时在一部电脑上并排使用,增加运算效能,与 NVIDIA 的 SLI 技术竞争)。且不说这些多款并联技术是否可以实现 1+1=2 的效果,可以肯定的是,要想让这些多卡并联平台转起来,没有模组电源是不行的。此外,需要用模组电源的还有 RAID 存储阵列系统。对于某些玩家而言,如果组建 raid 5 磁盘列阵的话至少需要三块硬盘,而 raid 10 则需要 5 块硬盘,这种情况下,如果没有模组电源的话自然也是不行的。

图 2-66　模组电源

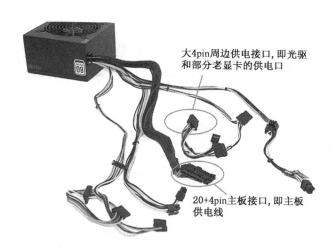

大4pin周边供电接口,即光驱和部分老显卡的供电口

20+4pin主板接口,即主板供电线

图 2-67　非模组电源

习　题

一、填空题

1. 硬盘的第一个扇区(0 道 0 头 1 扇区)被保留为_____扇区。

2. 硬盘的接口方式通常有 4 种,它们分别是_____,_____,_____和_____。

3. 在购买内存时要注意几点:_____、_____、_____、_____。

4. 外部存储器包括_____、_____、_____。

5. 根据传输速率分,网卡可以分为 10M 网卡_____自适应网卡以及_____网卡,目前常用的网卡是_____自适应网卡。

6. _____是显卡的心脏,它决定该卡的档次和大部分性能,同时也是 2D 显卡和 3D 显卡区分的依据。

7. 人们习惯上叫的 64 位显卡、128 位显卡和 256 位显卡就是指其相应的_____位宽。

8. 某主板说明书上有"Realtek8201CL10/100Mbps"一块芯片,它指的是_____芯片。

9. SATA 接口总线的数据传输方式为_____。

10. 机箱前面板信号线的连接,HDDLED 是指_____,RESET 指的是_____。

二、选择题

1. 通常所说的 I/O 设备指的是_____。

A. 输入/输出设备　B. 通信设备　　　　C. 网络设备　　　　D. 控制设备

2. 计算机的_____设备是计算机和外部进行信息交换的设备。

A. 输入/输出　　　B. 外设　　　　　　C. 中央处理器　　　D. 存储器

3. 下面设备中,属于输出设备的是_____。

A. 键盘　　　　　　B. 鼠标　　　　　　C. 扫描仪　　　　　D. 打印机

4. _____是计算机的输出设备。

A. 键盘　　　　　　B. 鼠标　　　　　　C. 扫描仪　　　　　D. 打印机

5. 目前流行的显卡的接口类型是_____。

A. PCI　　　　　　 B. PCI - E×1　　　 C. PCI - E×16　　　D. AGP

6. 显示卡上的显示存储器是_____。

A. 随机读写 RAM 且暂时存储要显示的内容

B. 只读 ROM

C. 将要显示的内容转换为显示器可以接收的信号

D. 字符发生器

7. 用硬盘 Cache 的目的是_____。

A. 增加硬盘容量　　　　　　　　　　B. 提高硬盘读写信息的速度

C. 实现动态信息存储　　　　　　　　D. 实现静态信息存储

8. 硬盘中信息记录介质被称为_____。

A. 磁道　　　　　　B. 盘片　　　　　　C. 扇区　　　　　　D. 磁盘

9. 存放在_____中的数据不能够被改写,断电以后数据也不会丢失。

A. 随机存储器　　　B. 内部存储器　　　C. 外部存储器　　　D. 只读存储器

10. 用硬盘 Cache 的目的是_____。

A. 增加硬盘容量　　　　　　　　　　B. 提高硬盘读写信息的速度

C. 实现动态信息存储　　　　　　　　D. 实现静态信息存储

11. 以下哪一个接口不属于硬盘接口?

A. IDE 接口　　　　B. PS/2 接口　　　 C. SATA 接口　　　D. SCSI 接口

12. SATA 3.0 的数据传输率可达_____。

A. 150 MB/s　　　　B. 300 MB/s　　　　C. 450 MB/s　　　　D. 6 Gbps

13. 16X 的 DVD 光驱,读取速率数据值为_____。

　　A. 21.6 MB/s　　　B. 150 KB/s　　　C. 600 KB/s　　　D. 100 KB/s

14. 我们经常所说的 40X 光驱,指的是光驱的_____。

　　A. 传输速率　　　B. 存取速度　　　C. 缓存　　　　　D. 转速

15. 常用光盘的存储容量一般是_____。

　　A. 2 G 左右　　　B. 1 G 左右　　　C. 100 M 左右　　　D. 650 M 左右

16. 下列存储器中,属于高速缓存的是_____。

　　A. EPROM　　　　B. Cache　　　　C. DRAM　　　　　D. CD-ROM

17. 关于打印机以下说法错误的是_____。

　　A. 喷墨打印机的打印头可用酒精进行清洗

　　B. 喷墨打印机的墨盒可分为一体式和分离式

　　C. 针式打印机的使用成本最低

　　D. 打印机的打印速度是指每分钟打印的字数

18. 将文章、图画、工作报表等输入到纸张上的设备是_____。

　　A. 扫描仪　　　　B. 数码相机　　　C. 打印机　　　　D. 摄像头

19. 下列输入设备中,属于微机系统默认的必不可少的输入设备是_____。

　　A. 扫描仪　　　　B. 键盘　　　　　C. 游戏棒　　　　D. 鼠标

20. 下列设备中,属于微机系统默认的必不可少的输出设备是_____。

　　A. 打印机　　　　B. 键盘　　　　　C. 显示器　　　　D. 80286

21. _____的密封性最好。

　　A. 硬盘　　　　　B. 电源　　　　　C. 光驱　　　　　D. 机箱

22. 在以下设备中,存取速度最快的是_____。

　　A. 硬盘　　　　　B. 虚拟内存　　　C. 内存　　　　　D. CPU 缓存

23. 在微机系统中,_____的存储容量最大。

　　A. 内存　　　　　B. 软盘　　　　　C. 硬盘　　　　　D. 光盘

24. 机箱的技术指标不包括_____。

　　A. 坚固性　　　　B. 可扩充性　　　C. 散热性　　　　D. 美观性

25. ATX 主板电源接口插座为双排_____。

　　A. 20 针　　　　　B. 12 针　　　　C. 18 针　　　　　D. 25 针

三、简答题

1. 选购硬盘时应主要考虑哪几个方面的因素?

2. 硬盘的常用接口有哪些?

3. 光驱有哪些性能指标?

4. 刻录盘有哪些类型?

5. 显卡有哪些性能指标?

6. 调查目前两大显卡主流厂商的产品类型、性能参数及价格。

7. 一台显示器的好坏,会不会影响到显卡的性能? 原因是什么?

8. 简述显示器的分类。

9. 声卡的技术指标有哪些?

10. 组成音响的机构有哪几种？

11. 选购键盘应注意什么问题？

12. 选购鼠标应注意什么问题？

13. 简述打印机的分类及其各自的特点。

14. 选购机箱为什么要考虑可扩充性？

15. 请按照 3 000 元、4 000 元、5 000 元及 6 000 元标准选配计算机，列出各配件清单价格。

3

计算机硬件的安装

3.1 计算机主机安装

对于主机的安装,首先要检查一下选购的配件是否完整匹配,如显卡和主板、CPU 和主板、内存和主板、型号和配置单是否一样、配件有无划伤等。其次要准备好必要的安装工具。相应的准备工作做好后,接下来才能真正动手进行安装,但主机各配件的安装应该有个基本流程,不可无的放矢,并要根据各配件的要求来进行安装。

3.1.1 装机前的准备工作

1. 工具准备(如图 3-1 所示)

主要的安装工具包括十字螺丝刀和平口螺丝刀、镊子、尖嘴钳、导热硅脂等。

图 3-1 装机工具

(1) 准备 1 把十字形螺丝刀(也称为"梅花起子"或"星形起子"),用于安装电脑中的十字螺丝钉。

(2) 准备 1 把一字形螺丝刀(也称为平口螺丝刀),用于安装、拆卸机箱各种挡板、包装盒、散热器等。

(3) 尖嘴钳在安装各种挡板或者挡片时用来拧开一些比较紧的螺丝。

(4) 在拔主板或硬盘上的跳线或者夹取各种螺丝时需要使用镊子。

(5) 准备导热硅脂,导热硅脂具有良好的导热性能与绝缘性,主要涂抹在 CPU 的表面,填补 CPU 与散热片之间的空隙,帮助 CPU 进行散热。一般盒装 CPU 和 CPU 散热风扇的包装盒中有导热硅脂,有些散热风扇的 CPU 接触位置会预先涂抹散热硅脂,此时无需另外涂抹导热硅脂,直接安装 CPU 及 CPU 风扇即可,如图 3-2 所示。

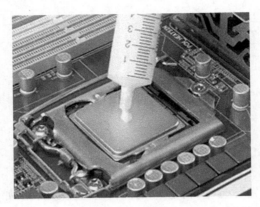

图 3-2　硅脂

2. 注意事项

（1）清除静电

由于人体携带有静电,衣物相互摩擦也会产生静电,这些静电可能会损坏电子元器件或者破坏存储芯片中的数据。因此,在组装前用手触摸自来水管或洗手以释放掉手上或身上携带的静电。组装计算机过程中最好戴上防静电手套,尽量不摸芯片,不经意的触摸可能会因手上的静电击穿芯片。

（2）轻拿轻放

组装计算机过程中要注意保护好元器件和板卡,要轻拿轻放,不要碰撞,特别是 CPU、硬盘等需要特别注意,避免用力不当而损坏配件。

（3）合理放置计算机配件

组装计算机的主要配件依次放置在工作台上,以方便取用,有条件的情况下,最好在工作台上放置一块防静电软垫。

（4）防止液体进入

在组装计算机过程中严禁液体进入计算机内部的板卡上,否则可能会造成短路,使元器件损坏。

（5）存放好螺钉和小零件

使用专用器皿存放好螺钉和小零件,保证取用方便,避免丢失。

（6）拧好螺丝

在拧螺丝时不能拧得过紧,拧紧后应往反方向拧半圈。

（7）插好板卡或接头

插板卡或接头时要对准插槽均匀用力地插下,并且要插紧。如果发现安装时阻力特别大,应先检查再继续。

（8）平稳安装主板、显卡

在连接机箱内部连线时,一定要仔细阅读主板说明书进行,熟知主板各接口位置,以免接错线造成意外损坏。

（9）正确连线

在连接机箱内部连线时,一定要仔细阅读主板说明书进行,熟知主板各接口位置,以免接错线造成意外损坏。

（10）避免损坏板卡的金手指

不要用手去触摸板卡的金手指部分，以免使其受到汗液的侵蚀，导致氧化，引起接触不良甚至损坏硬件。

3.1.2　主机安装步骤

主机各配件如图 3-3 所示。

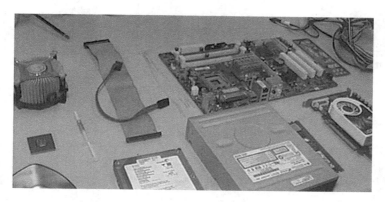

图 3-3　主机各配件

1. 安装电源（如图 3-4 所示）

取下挡板

机箱内部

安装电源

固定电源

图 3-4　安装机箱电源

2. 安装 CPU 及其风扇

(1) 安装 CPU（如图 3-5 所示）

接起接杆　　　　　　　　　放入CPU　　　　　　　　　固定CPU

图 3-5　CPU 的安装

(2) 安装风扇（如图 3-6 所示）

安装CPU散热风扇　　　　　　　　　　　　　CPU风扇电源连接

图 3-6　CPU 风扇的安装

3. 安装内存条（如图 3-7 所示）

扳开内存插槽的卡座　　　　　　　　　　　插入内存

图 3-7　内存的安装

4. 安装主板（如图3-8所示）

主板对准I/O接口

固定主板

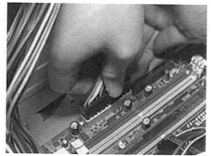

插入电源线

图3-8　安装主板

5. 连接机箱面板信号线（如图3-9所示）

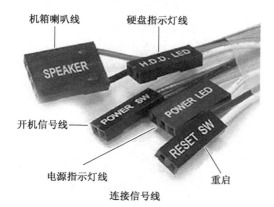

机箱喇叭线　　　硬盘指示灯线

开机信号线

电源指示灯线　　　　　重启

连接信号线

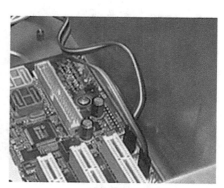

连接前置USB连线

图3-9　机箱前部信号线的连接

6. 安装显示卡（如图 3-10 所示）

图 3-10　安装显示卡

7. 安装驱动器

（1）安装硬盘（如图 3-11 所示）

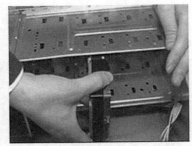

放入硬盘

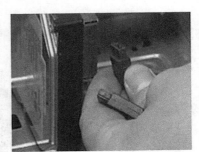

数据线连接硬盘

数据线连接到主板

连接硬盘电源线

图 3-11　硬盘的安装

（2）安装光驱（如图 3-12 所示）

取下挡板　　　　　　　　　　放下光驱　　　　　　　　　　固定光驱

图 3-12　光驱的安装

8. 安装机箱的两个侧面板（如图 3-13 所示）

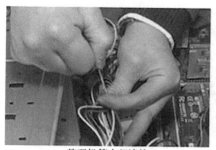　

整理机箱内部连接　　　　　　　　　　　　安装机箱侧面板

图 3-13　机箱面板的安装

3.1.3　拓展知识

1. 双 PATA 硬盘安装

如果有两个 PATA 硬盘和一个或两个光驱，就可以安装四个 IDE 设备。设置如下：

（1）通过硬盘和光驱跳线，将两个硬盘分别设置为主盘和从盘，光驱也进行相关设置；

（2）将设置为主盘的硬盘连接到 IDE 数据线的"Master"端，从盘连接到"Slave"端，并将数据线连接到主板的 IDE1；

（3）将设置为主盘的光驱连接到 IDE 数据线的"Master"端，从盘连接到"Slave"端，并将数据线连接到主板的 IDE2。

2. 双 SATA 硬盘的安装

如果两块硬盘都是 SATA 接口的再加一个或两个光驱，那么它们的安装更加简单。设置如下：

（1）利用 SATA 硬盘数据线将两个 SATA 硬盘分别连接到 SATA 1、SATA 2 接口；

（2）利用 IDE 数据线将光驱连接到主板的 IDE 2 接口上。如果是一个光驱，则一个光驱独占 IDE 2；如果是两个光驱，则分别设置为主盘、从盘，然后用一根 IDE 数据线将它们连接到 IDE 2 上。物理连接好之后,在 BIOS 中打开 SATA 控制器即可。

3.2　连接外部设备

外部设备主要有输入设备键盘和鼠标,输出设备显示器、音箱和打印机,这些是最常用的外部设备。只要注意外部设备对准机箱后相关的 I/O 接口,连接还是比较简单的。

3.2.1　连接键盘和鼠标(如图 3-14 所示)

1. 键盘和鼠标是 PS/2 接口,只需将其插头对准缺口方向插入主板上的键盘/鼠标插孔即可。

2. 键盘和鼠标是 USB 接口,只需将 USB 接口连接到主机的 USB 插孔中。

连接键盘

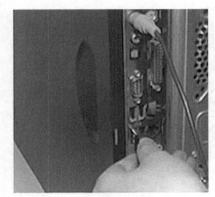
连接鼠标

图 3-14　键盘、鼠标的连接

3.2.2　连接显示器(如图 3-15 所示)

1. 连接显示器的信号线

2. 连接显示器电源线

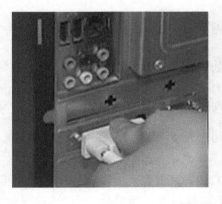

图 3-15　安装连接显示器

3.2.3　连接音箱(如图 3-16 所示)

连接有源音箱时,通常将有源音箱的 Φ3.5 mm 双声道插头一端插入机箱后侧声卡的线路输出插孔 Line-out 接口上,另一端插头插入有源音箱的输入插孔中。

音频输出连接

音频输出连接

图 3-16　连接音频设备

3.2.4　连接打印机(如图 3-17 所示)

现有的计算机硬件接口做得非常规范,打印机的数据线只有一端在计算机上能接,所以只要将打印机并口线或 USB 接口连接电脑相应接口就可以了,同时连接打印机电源线并开启电源就可以检测到打印机硬件了。

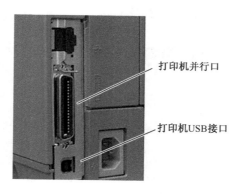
打印机并行口

打印机USB接口

图 3-17　打印机连接

3.2.5　数码相机连接电脑

随着技术的发展,数码相机越来越普及,和传统相机比起来,它最大的好处就是可以将照片导入电脑中查看和修改,其连接方式如下:

第一步:拿出数码相机专用的连接线,将数码相机的数码接口打开,用该连接线将数码相机和电脑的 USB 接口连接起来。

第二步:连接以后会发现"我的电脑"里多一个盘符,这就是系统识别到的数码相机的存储系统,直接在其中进行数据拷贝即可将照片导入电脑中。

有部分数码相机采用了 USB 3.0 的传输协议,而 Windows 系统需要安装相应的驱动程序才能支持该协议,如果没有,会出现安装提示,依然采用老版本的 USB 协议传输,速度要慢不少。

3.2.6 连接移动硬盘

虽然优盘可以很方便地拷贝文件,但是毕竟它受容量的限制,这个时候我们就要用到移动硬盘。移动硬盘主要是通过 USB 接口和电脑连接。

第一步:首先拿出 USB 接口的移动硬盘。移动硬盘的供电和数据传输都通过 USB 接口完成。

第二步:准备好移动硬盘的 USB 连接线,可以看到有些连接线上除了连接移动硬盘和电脑的接口以外,还有一个 PS/2 接口,这是因为有些移动硬盘的 USB 接口供电不足,为了避免数据丢失,需要从 PS/2 口获取电源。

第三步:将连接线插入 USB 移动硬盘上和电脑的 USB 接口中即可。连接以后你会发现"我的电脑"里多出了一个"可移动磁盘"。

习　题

简答题

1. 计算机组装前需要做好哪些准备工作?
2. 如何安装 CPU?
3. 为什么要先安装 CPU 和内存,再安装主板?
4. 详细叙述计算机的组装流程。
5. 计算机安装后的初步检查应该注意哪些事项?

4

设置 BIOS 的参数

4.1 BIOS 设置概述

要对 BIOS 参数进行设置,首先必须要全面了解 BIOS 的基本功能和基本操作,这是进行 BIOS 参数设置的基础。而 BIOS 参数设置是最为关键的内容,由于涉及 BIOS 参数设置内容比较多,我们将选择常用的 BIOS 选项来叙述。

BIOS(Basic Input Output System)即基本输入输出系统,是计算机中最基础而又最重要的程序。这一段程序存放在一个不需要电源的可重复编程、可擦写的只读存储器中,这种存储器也被称作"EPROM"。它为计算机提供最低级的,但却是最直接的硬件控制并存储一些基本信息,计算机的初始化操作都是按照固化在 BIOS 里的内容来完成的。准确地说,BIOS 是硬件与软件程序之间的一个"转换器",或者说是人机交流的接口,它负责解决硬件的即时要求,并按软件对硬件的操作具体执行。计算机用户在使用计算机的过程中,都会接触到 BIOS,它在计算机系统中起着非常重要的作用。

4.1.1 BIOS 设置程序的基本功能

1. 基本参数设置
2. 磁盘驱动器设置
3. 键盘设置
4. 存储器设置
5. Cache 设置
6. ROM SHADOW 设置
7. 安全设置
8. 总线周期参数设置
9. 电源管理设置
10. PCI 局部总线参数设置
11. 主板集成接口设置
12. 其他参数设置

4.1.2 BIOS 与 CMOS 的区别

由于 ROM(只读存储器)具有只能读取、不能修改且断电后仍能保证数据不会丢失的特点,因此这些设置程序一般都放在 ROM 中。此外,运行 BIOS 设置程序后的设置参数都放在主板的 CMOS RAM 芯片中,这是由于随着系统部件的更新,所设置的参数可能需要修改,而 RAM 的特点是可读取、可写入,加上 CMOS 有电池供电,因此能长久地保持参数不会丢失,但电池如果使用时间较长,电力不足,也可能会产生断电现象,导致系统设置参数会丢失,这时只需要更换新电池并重新进行设置就可以了。综上所述,BIOS 和 CMOS 并不是相同的概念,BIOS 是完成参数设置的方法,CMOS 是系统参数的存放场所。

4.1.3 BIOS 设置程序的进入方法

1. 开机启动时按热键
2. 用系统提供的软件
3. 可读写 CMOS 的应用软件

4.1.4 BIOS 设置程序类型

计算机上使用的 BIOS 程序根据制造厂商的不同分为:AWARD BIOS 程序、AMI BIOS 程序、PHOENIX BIOS 程序以及其他的免跳线 BIOS 程序和品牌机特有的 BIOS 程序。

4.2 BIOS 设置图解教程之 AWARD 篇

4.2.1 进入 BIOS 设置

1. 电脑刚启动,出现如图 4-1 画面时,按下 Delete(或者 Del)键不放手直到进入 BIOS(基本输入/输出系统)设置。

图 4-1 电脑开机界面

2. AWARD BIOS 设置的主菜单,最顶一行标出了 Setup 程序的类型是 Award Software。项目前面有三角形箭头的表示该项包含子菜单,如图 4-2 所示。主菜单上共有 13 个项目,分别为:

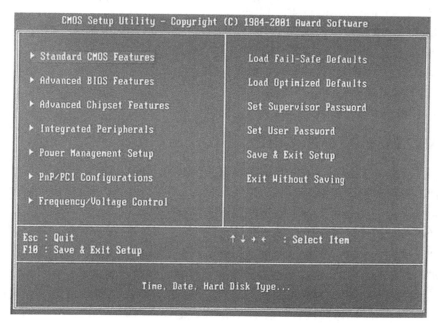

图 4-2　BIOS 设置的主菜单

(1) Standard CMOS Features(标准 CMOS 功能设定)

设定日期、时间、软硬盘规格及显示器种类。

(2) Advanced BIOS Features(高级 BIOS 功能设定)

对系统的高级特性进行设定。

(3) Advanced Chipset Features(高级芯片组功能设定)

设定主板所用芯片组的相关参数。

(4) Integrated Peripherals(外部设备设定)

设定菜单包括所有外围设备的设定,如声卡、Modem、USB 键盘是否打开等。

(5) Power Management Setup(电源管理设定)

设定 CPU、硬盘、显示器等设备的节电功能运行方式。

(6) PNP/PCI Configurations(即插即用/PCI 参数设定)

设定 ISA 的 PnP 即插即用界面及 PCI 界面的参数,此项仅在您系统支持 PnP/PCI 时才有效。

(7) Frequency/Voltage Control(频率/电压控制)

设定 CPU 的倍频,设定是否自动侦测 CPU 频率等。

(8) Load Fail-Safe Defaults(载入最安全的缺省值)

使用此菜单载入工厂默认值作为稳定的系统使用。

(9) Load Optimized Defaults(载入高性能缺省值)

使用此菜单载入最好的性能,但有可能影响稳定的默认值。

(10) Set Supervisor Password(设置超级用户密码)

使用此菜单可以设置超级用户的密码。

(11) Set User Password(设置用户密码)

使用此菜单可以设置用户密码。

(12) Save & Exit Setup(保存后退出)

保存对 CMOS 的修改,然后退出 Setup 程序。

(13) Exit Without Saving(不保存退出)

放弃对 CMOS 的修改,然后退出 Setup 程序。

4.2.2　AWARD BIOS 设置的操作方法

1. 按方向键"↑、↓、←、→"移动到需要操作的项目上;

2. 按"Enter"键选定此选项;

3. 按"Esc"键从子菜单回到上一级菜单或者跳到退出菜单;

4. 按"＋"或"PU"键增加数值或改变选择项;

5. 按"一"或"PD"键减少数值或改变选择项;

6. 按"F1"键主题帮助,仅在状态显示菜单和选择设定菜单有效;

7. 按"F5"键从 CMOS 中恢复前次的 CMOS 设定值,仅在选择设定菜单有效;

8. 按"F6"键从故障保护缺省值表加载 CMOS 值,仅在选择设定菜单有效;

9. 按"F7"键加载优化缺省值;

10. 按"10"键保存改变后的 CMOS 设定值并退出。

操作方法:在主菜单上用方向键选择要操作的项目,然后按"Enter"回车键进入该项子菜单,在子菜单中用方向键选择要操作的项目,然后按"Enter"回车键进入该项,后用方向键选择,完成后按回车键确认,最后按"F10"键保存改变后的 CMOS 设定值并退出(或按"Esc"键退回上一级菜单),退回主菜单后选"Save & Exit Setup"后回车,在弹出的确认窗口中输入"Y"然后回车,即保存对 BIOS 的修改并退出 Setup 程序。

4.2.3　Standard CMOS Features(标准 CMOS 功能设定)项子菜单

在主菜单中用方向键选择"Standard CMOS Features"项然后回车,即进入了"Standard CMOS Features"项子菜单,如图 4-3 所示。

"Standard CMOS Features"项子菜单中共有 11 子项:

1. Date(mm:dd:yy)(日期设定)

设定电脑中的日期,格式为"星期,月/日/年"。星期由 BIOS 定义,只读。

2. Time(hh:mm:ss)(时间设定)

设定电脑中的时间,格式为"时/分/秒"。

3. IDE Primary Master(第一主 IDE 控制器)

设定主硬盘型号。按 Page Up 或 Page Down 键选择硬盘类型:Press Enter、Auto 或 None。如果光标移动到"Press Enter"项回车后会出现一个子菜单,显示当前硬盘信息;Auto 是自动设定;None 是设定为没有连接设备。

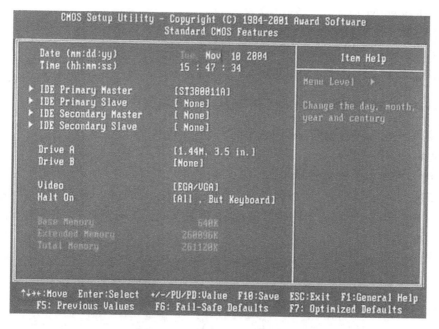

图 4-3 "Standard CMOS Features"菜单

4. IDE Primary Slave(第一从 IDE 控制器)

设定从硬盘型号。设置方法参考第 3 子项。

5. IDE Secondary Master(第二主 IDE 控制器)

设定主光驱型号。设置方法参考第 3 子项。

6. IDE Secondary Slave(第二从 IDE 控制器)

设定从光驱型号。设置方法参考第 3 子项。

7. Video(设定电脑的显示模式)

设定系统主显示器的视频转接卡类型。可选项:EGA/VGA、CGA40/80 和 MONO。

EGA/VGA 是加强型显示模式,EGA/VGA/SVGA/PGA 彩色显示器均选此项;CGA40/80 是行显示模式;MONO 是黑白单色模式。

8. Halt On(停止引导设定)

设定系统引导过程中遇到错误时,系统是否停止引导。可选项有:

All Errors 侦测到任何错误,系统停止运行,等候处理,此项为缺省值。

No Errors 侦测到任何错误,系统不会停止运行。

All,But Keyboard 除键盘错误以外侦测到任何错误,系统停止运行。

All,But Diskette 除磁盘错误以外侦测到任何错误,系统停止运行。

All,But Disk/Key 除磁盘和键盘错误以外侦测到任何错误,系统停止运行。

9. Base Memory(基本内存容量)

此项用来显示基本内存容量(只读)。PC 一般会保留 640KB 容量作为 MS-DOS 操作系统的内存使用容量。

10. Extended Memory(扩展内存)

此项用来显示扩展内存容量(只读)。

11. Total Memory(总内存)

此项用来显示总内存容量(只读)。

4.2.4 Advanced BIOS Features(高级 BIOS 功能设定)项子菜单

在主菜单中用方向键选择"Advanced BIOS Features"项然后回车。

"Advanced BIOS Features"项子菜单中共有 18 子项(如图 4-4 所示):

1. Virus Warning(病毒报警)

在系统启动时或启动后,如果有程序企图修改系统引导扇区或硬盘分区表,BIOS 会在屏幕上显示警告信息,并发出蜂鸣报警声,使系统暂停。设定值有:

Disabled(禁用);

Enabled(开启)。

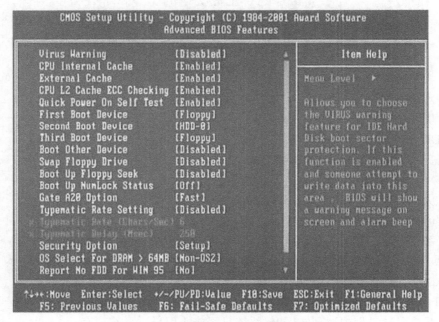

图 4-4 Advanced BIOS Features 菜单

2. CPU Internal Cache(CPU 内置高速缓存设定)

设置是否打开 CPU 内置高速缓存。默认设为打开。设定值有:

Disabled(禁用);

Enabled(开启)。

3. External Cache(外部高速缓存设定)

设置是否打开外部高速缓存。默认设为打开。设定值有:

Disabled(禁用);

Enabled(开启)。

4. CPU L2 Cache ECC Checking(CPU 二级高速缓存奇偶校验)

设置是否打开 CPU 二级高速缓存奇偶校验。默认设为打开。设定值有：

Disabled(禁用)；

Enabled(开启)。

5. Quick Power On Self Test(快速检测)

设定 BIOS 是否采用快速 POST 方式,也就是简化测试的方式与次数,让 POST 过程所需时间缩短。无论设成 Enabled 或 Disabled,当 POST 进行时,仍可按 Esc 键跳过测试,直接进入引导程序。默认设为禁用。设定值有：

Disabled(禁用)；

Enabled(开启)。

6. First Boot Device(设置第一启动盘)

设定 BIOS 第一个搜索载入操作系统的引导设备。默认设为 Floppy(软盘驱动器),安装系统正常使用后建议设为(HDD-0)。设定值有：

Floppy 系统首先尝试从软盘驱动器引导

LS120 系统首先尝试从 LS120 引导

HDD-0 系统首先尝试从第一硬盘引导

SCSI 系统首先尝试从 SCSI 引导

CDROM 系统首先尝试从 CD-ROM 驱动器引导

HDD-1 系统首先尝试从第二硬盘引导

HDD-2 系统首先尝试从第三硬盘引导

HDD-3 系统首先尝试从第四硬盘引导

ZIP 系统首先尝试从 ATAPI ZIP 引导

LAN 系统首先尝试从网络引导

Disabled 禁用此次序

7. Second Boot Device(设置第二启动盘)

设定 BIOS 在第一启动盘引导失败后,第二个搜索载入操作系统的引导设备。设置方法参考第 6 项。

8. Third Boot Device(设置第三启动盘)

设定 BIOS 在第二启动盘引导失败后,第三个搜索载入操作系统的引导设备。设置方法参考第 6 项。

9. Boot Other Device(其他设备引导)

将此项设置为 Enabled,允许系统在从第一/第二/第三设备引导失败后,尝试从其他设备引导。设定值有：

Disabled(禁用)；

Enabled(开启)。

10. Swap Floppy Drive(交换软驱盘符)

将此项设置为 Enabled 时,可交换软驱 A:和 B:的盘符。

11. Boot Up Floppy Seek(开机时检测软驱)

将此项设置为 Enabled 时,在系统引导前,BIOS 会检测软驱 A:。根据所安装的启动装置的不同,在"First/Second/Third Boot Device"选项中所出现的可选设备有相应的不同。例如:如果系统没有安装软驱,在启动顺序菜单中就不会出现软驱的设置。设定值有:

Disabled(禁用);

Enabled(开启)。

12. Boot Up NumLock Status(初始数字小键盘的锁定状态)

此项是用来设定系统启动后,键盘右边小键盘是数字还是方向状态。当设定为 On 时,系统启动后将打开 Num Lock,小键盘数字键有效。当设定为 Off 时,系统启动后 Num Lock 关闭,小键盘方向键有效。设定值为:On,Off。

13. Gate A20 Option(Gate A20 的选择)

此项用来设定系统存取 1MB 以上内存(扩展内存)的方式。A20 是指扩展内存的前部 64KB。当选择缺省值 Fast 时,GateA20 是由端口 92 或芯片组的特定程序控制的,它可以使系统速度更快。当设置为 Normal,A20 是由键盘控制器或芯片组硬件控制的。

14. Typematic Rate Setting(键入速率设定)

此项是用来控制字元输入速率的。设置包括 Typematic Rate(字元输入速率)和 Typematic Delay(字元输入延迟)。默认值为 Disabled(禁用)。

15. Security Option(安全选项)

此项指定了使用的 BIOS 密码的保护类型。设置值为 System 时无论是开机还是进入 CMOS SETUP 都要输入密码;设置值为 Setup 时只有在进入 CMOS SETUP 时才要求输入密码。

16. OS Select For DRAM > 64MB(设定 OS2 使用的内存容量)缺省值为 Non－OS2

17. Report No FDD For WIN98(设定在 WIN98 中报告有无 FDD)缺省值为 No

18. Video BIOS Shadow（将 BIOS 复制到影像内存）

将 BIOS 复制到影像内存,可维持系统性能在最良好的状态。缺省值为 Enabled,设定值有:

Disabled(禁用);

Enabled(开启)。

4.2.5 Advanced Chipset Features(高级芯片组功能设定)项子菜单

在主菜单中用方向键选择"Advanced Chipset Features"项然后回车,即进入了"Advanced Chipset Features"项子菜单,如图 4-5 所示。

"Advanced BIOS Features"项子菜单中共有 9 子项:

1. SDRAM CAS Latency Time(CAS 延时周期)

2. SDRAM Cycle Time Tras/trc(6/8)

3. SDRAM RAS-to-CAS Delay(从 CAS 脉冲信号到 RAS 脉冲信号之间延迟的时钟周期数设置)

此项允许您设定在向 DRAM 写入、读出或刷新时,从 CAS 脉冲信号到 RAS 脉冲信号之间延迟的时钟周期数。更快的速度可以增进系统的性能表现,而相对较慢的速度可以提供更稳定的系统表现。此项仅在系统中安装有同步 DRAM 才有效。设定值有:3 和 2(Clocks)。

4. SDRAM RAS Precharge Time(RAS 预充电)

此项用来控制 RAS(Row Address Strobe)预充电过程的时钟周期数。如果在 DRAM

刷新前没有足够的时间给 RAS 积累电量,刷新过程可能无法完成而且 DRAM 将不能保持数据。此项仅在系统中安装了同步 DRAM 才有效。

5. System BIOS Cacheable(系统缓存 BIOS 的容量)

6. Vido BIOS Cacheable(显卡 BIOS 的缓存容量)

7. CPU Lateny Time(CPU 延时时间设定)

此项控制了 CPU 在接受了命令后是否延时执行。

8. Delayed Transaction(延迟传输)

芯片组内置了一个 32 – bit 写缓存,可支持延迟处理时钟周期,所以在 ISA 总线的数据交换可以被缓存,而 PCI 总线可以在 ISA 总线数据处理的同时进行其他的数据处理。若设置为 Enabled 可兼容 PCI2.1 规格。设定值有:Enabled,Disabled。

9. On – Chip Video Windows Size(显存容量)

显卡缓存增大可改善画面质量,但同时以减少可用物理内存为代价。

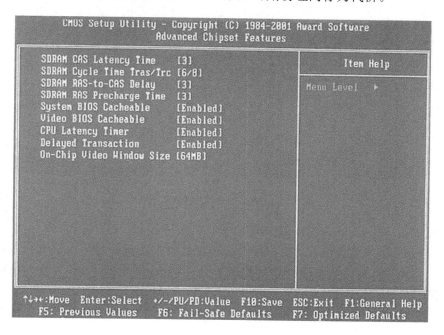

图 4-5　Advanced Chipset Features 菜单

4.2.6　Integrated Peripherals(外部设备设定)子菜单

在主菜单中用方向键选择"Integrated Peripherals"项然后回车,即进入了"Integrated Peripherals"项子菜单,如图 4-6 所示。

"Integrated Peripherals"项子菜单中共有 25 子项(如图 4-6 所示):

1. On-Chip Primary PCI IDE(板载第一条 PCI 插槽设定)

整合周边控制器包含了一个 IDE 接口,可支持两个 IDE 通道。选择 Enabled 可以独立地激活每个通道。缺省值为 Enabled,设定值有:

Disabled(禁用);

Enabled(开启)。

2. On-Chip Primary/Secondary PCI IDE(板载第二条 PCI 插槽设定)

缺省值为 Enabled,设定值有:

Disabled(禁用);

Enabled(开启)。

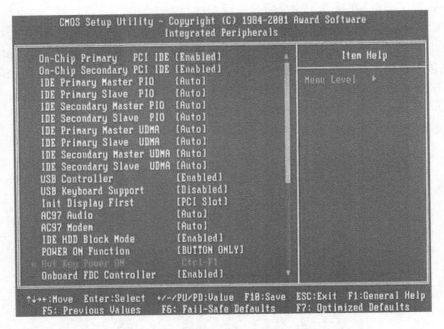

图 4-6 Integrated Peripherals 菜单

3. IDE Primary Master PIO(IDE 第一主 PIO 模式设置)

四个 IDE PIO(可编程输入/输出)项允许为板载 IDE 支持的每一个 IDE 设备设定 PIO 模式(0～4)。模式 0 到 4 提供了递增的性能表现。在 Auto 模式中,系统自动决定每个设备工作的最佳模式。设定值有:Auto,Mode 0,Mode 1,Mode 2,Mode 3,Mode 4。

4. IDE Primary Slave PIO(IDE 第一从 PIO 模式设置)

设置方法同第 3 项。

5. IDE Secondary Master PIO(IDE 第二主 PIO 模式设置)

设置方法同第 3 项。

6. IDE Secondary Slave PIO(IDE 第二从 PIO 模式设置)

设置方法同第 3 项。

7. IDE Primary Master UDMA(IDE 第一主 UDMA 模式设置)

Ultra DMA/33/66/100 只能在 IDE 硬盘支持此功能时使用,而且操作环境包括一个 DMA 驱动程序(Windows 98 OSR2 或第三方 IDE 总线控制驱动程序)。如果硬盘和系统软件都支持 Ultra DMA/33,Ultra DMA/66 或 Ultra DMA/100,选择 Auto 使 BIOS 支持有效。设定值有:Auto(自动),Disabled(禁用)。

8. IDE Primary Slave UDMA(IDE 第一从 UDMA 模式设置)

设置方法同第 3 项。

9. IDE Secondary Master UDMA(IDE 第二主 UDMA 模式设置)

设置方法同第 3 项。

10. IDE Secondary Slave UDMA(IDE 第二从 UDMA 模式设置)

设置方法同第 3 项。

11. USB Controller(USB 控制器设置)

此项用来控制板载 USB 控制器。设定值有：Enabled,Disabled。

12. USB Keyboard Support(USB 键盘控制支持)

如果在不支持 USB 或没有 USB 驱动的操作系统下使用 USB 键盘,如 DOS 和 Unix,需要将此项设定为 Enabled。

13. Init Display First(开机时的第一显示设置)

14. AC′97 Audio(设置是否使用芯片组内置 AC′97 音效)

此项设置值适用于使用的是自带的 AC′97 音效。如果需要使用其他声卡,需要将此项值设为"Disabled"。设定值有

Disabled(禁用)；

Enabled(开启)。

15. IDE HDD Block Mode(IDE 硬盘块模式)

块模式也被称为块交换,如果 IDE 硬盘支持块模式(多数新硬盘支持),选择 Enabled,自动检测到最佳的且硬盘支持的每个扇区的块读/写数。设定值有：

Disabled(禁用)；

Enabled(开启)。

16. Power on Function(设置开机方式)

当这项设为"Keyboard(键盘)"时,下一项"KB Power on Password"会被激活,当这项设为"Hodkey(热键)"时,下一项"Hot Key Power on"会被激活。你可以选择以下方式开机：

Button Only(仅使用开机按钮)

Mouse Left(鼠标左键)

Mouse Right(鼠标右键)

Password(密码)

Hotkey(热键)

Keyboard(键盘)

KB Power on Password(设置键盘开机)

当"Power on Function"设为"Keyboard(键盘)"时,这项才会被激活。缺省值为：Enter(直接输入密码即可)。

17. Hot Key Power on(设置热键启动)

当"Power on Function"设为"Hotkey(热键)"时,这项才会被激活。缺省值为：Ctrl-F1(使用 Ctrl 加 F1 键)。

18. Onboard FDC Controller(内置软驱控制器)

设置是否使用内置软驱控制器,缺省值为：Enabled（使用）。设定值有：

Disabled(禁用);

Enabled(开启)。

19. Onboard Serial Port 1/2(内置串行口设置)

此项规定了主板串行端口 1(COM1)和串行端口 2(COM2)的基本 I/O 端口地址和中断请求号。选择 Auto 允许 AWARD 自动决定恰当的基本 I/O 端口地址。设定值有：Auto（自动），3F8/IRQ4，2F8/IRQ3，3E8/COM4，2E8/COM3，Disabled(禁用)。

20. UART Mode Select(UART 模式选择)

21. Onboard Parallel Port(并行端口设置)

此项规定了板载并行接口的基本 I/O 端口地址。选择 Auto,允许 BIOS 自动决定恰当的基本 I/O 端口地址。设定值有：Auto（自动），378/IRQ7，278/IRQ5，3BC/IRQ7，Disabled(禁用)。

22. Parallel Port Mode(并行端口模式设置)

此项可以选择并行端口的工作模式。设定值有：SPP,EPP,ECP,ECP+EPP,Normal。

SPP:标准并行端口

EPP:增强并行端口

ECP:扩展性能端口

ECP+EPP:扩展性能端口+增强并行端口

Normal:正常

23. Game Port Address(板载游戏端口)

此项用来设置板载游戏端口的基本 I/O 端口地址。设定值有：Disabled（禁用），201,209。

24. Midi Port Address(板载 Midi 端口)

此项用来设置板载 Midi 端口的基本 I/O 端口地址。设定值有：Disabled（禁用），330,300,290。

25. Midi Port IRQ(Midi 端口 IRQ 选择)

此项规定了板载 Midi 端口的中断请求号。设定值有：5,10。

4.2.7　Power Management Setup(电源管理设定)项子菜单

在主菜单中用方向键选择"Power Management Setup"项然后回车，即进入了电源管理设定项子菜单,如图 4-7 所示。

"Power Management Setup"项子菜单中共有 17 子项（如图 4-7 所示）：

1. ACPI Function(设置是否使用 ACPI 功能)

此项是用来激活 ACPI(高级配置和电源管理接口)功能。如果操作系统支持 ACPI-aware,例如 Windows 98SE/2000/XP,选择 Enabled。设定值有：

Disabled(禁用);

Enabled(开启)。

2. ACPI Suspend Type(ACPI 挂起类型)

此选项设定 ACPI 功能的节电模式。可选项有：S1(POS)休眠模式是一种低能耗状态,在这种状态下,没有系统上下文丢失,(CPU 或芯片组)硬件维持着所有的系统上下文。S3

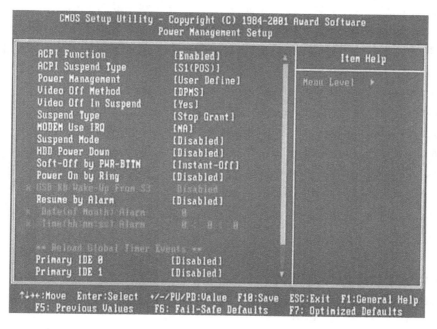

图 4-7　**Power Management Setup 菜单**

(STR)休眠模式是一种低能耗状态,在这种状态下仅对主要部件供电,比如主内存和可唤醒系统设备,并且系统上下文将被保存在主内存。一旦有"唤醒"事件发生,存储在内存中的这些信息被用来将系统恢复到以前的状态。

3. Power Management(电源管理方式)

此项用来选择节电的类型。缺省值为:User Define(用户自定义),设定值有:

User Define(用户自定义);

Min Saving(停用 1 小时进入省电功能模式);

Max Saving(停用 10 秒进入省电功能模式)。

4. Video off Method(视频关闭方式)

设置视频关闭的方式。缺省值为:DPMS(显示器电源管理)。设定值有:

V/HSYNC+Blank(将屏幕变为空白,并停止垂直和水平扫描);

Blank Screen(将屏幕变为空白);

DPMS(取用显示器电源管理,用于 BIOS 控制支持 DPMS 节电功能的显卡)。

5. Video off in Suspend (在挂起中关闭视频)缺省值为 Yes。

6. Suspend Type(挂起类型)缺省值为 Yes。

7. MODEM Use IRQ(调制解调器的中断值)缺省值为 3。

8. Suspend Mode(挂起方式)缺省值为:Disabled (禁用)

设定 PC 多久没有使用时,便进入 Suspend 省电状态,将 CPU 工作频率降到 0 MHz,并通知有关省电设备以便一并进入省电状态。

9. HDD Power Down(硬盘电源关闭模式)缺省值为 Disabled (禁用)

设置硬盘电源关闭模式计时器,当系统停止读或写硬盘时,计时器开始计算,过时后系统将切断硬盘电源。一旦又有读写硬盘命令执行时，系统将重新开始运行。

10. Soft-off by PWR-BTTN(软关机方式)缺省值：Instant-off(立即关闭)

当在系统中点击"关闭计算机"或运行关机命令后，关闭计算机的方式。设定值有：

Instant-off（立即关闭）；

Delay 4 Sec（延迟 4 秒后关机）；

Wake-Up by PCI Card(设置是否采用 PCI 片唤醒)缺省值为 Disabled（禁用）。

11. Power on by Ring(设置是否采用 MODEM 唤醒)缺省值为 Enabled（采用）。

12. Resune by Alarm(设置是否采用定时开机)缺省值为 Disabled（禁用）。

13. Primary IDE 0(设置当主 IDE 0 有存取要求时，是否取消目前 PC 及该 IDE 的省电状态)缺省值为 Disabled（禁用）。

14. Primary IDE 1(设置当主 IDE 1 有存取要求时，是否取消目前 PC 及该 IDE 的省电状态)缺省值为 Disabled（禁用）。

15. Secondary IDE 0(设置当从 IDE 0 有存取要求时，是否取消目前 PC 及该 IDE 的省电状态)缺省值为 Disabled（禁用）。

16. Secondary IDE 1(设置当从 IDE 1 有存取要求时，是否取消目前 PC 及该 IDE 的省电状态)缺省值为 Disabled（禁用）。

17. FDD,COM,LPT Port(设置当软驱、串行口、并行口有存取要求时，是否取消目前 PC 及该 IDE 的省电状态)缺省值为 Disabled（禁用）。

4.2.8　PNP/PCI Configurations(即插即用/PCI 参数设定)项子菜单

在主菜单中用方向键选择"PNP/PCI Configurations"项然后回车，即进入了"PNP/PCI Configurations"项子菜单，如图 4-8 所示。

```
         CMOS Setup Utility - Copyright (C) 1984-2001 Award Software
                           PnP/PCI Configurations

    Reset Configuration Data     [Disabled]            │      Item Help
                                                       │
    Resources Controlled By      [Auto(ESCD)]          │  Menu Level   ▶
      IRQ Resources              Press Enter           │
                                                       │  Default is Disabled.
    PCI/VGA Palette Snoop        [Disabled]            │  Select Enabled to
                                                       │  reset Extended System
                                                       │  Configuration Data
                                                       │  ESCD) when you exit
                                                       │  Setup if you have
                                                       │  installed a new add-on
                                                       │  and the system
                                                       │  reconfiguration has
                                                       │  caused such a serious
                                                       │  conflict that the OS
                                                       │  cannot boot

   ↑↓→←:Move  Enter:Select  +/-/PU/PD:Value  F10:Save  ESC:Exit  F1:General Help
           F5: Previous Values    F6: Fail-Safe Defaults   F7: Optimized Defaults
```

图 4-8　PNP/PCI Configurations 菜单

"PNP/PCI Configurations"项子菜单中共有 4 子项(如图 4-8 所示):

1. Reset Configuration Data(重置配置数据)

通常应将此项设置为 Disabled。如果安装了一个新的外接卡,系统在重新配置后产生严重的冲突,导致无法进入操作系统,此时将此项设置为 Enabled,可以在退出 Setup 后,重置 Extended System Configuration Data(ESCD,扩展系统配置数据)。设定值有:

Disabled(禁用);

Enabled(开启)。

2. Resource Controlled By(资源控制)

Award 的 Plug and Play BIOS(即插即用 BIOS)可以自动配置所有的引导设备和即插即用兼容设备。如果您将此项设置为 Manual(手动),可进入此项的各项子菜单,手动选择特定资源。设定值有:Auto(ESCD),Manual。

3. IRQ Resources(IRQ 资源)

此项仅在 Resources Controlled By 设置为 Manual 时有效。按<Enter>键,进入子菜单。IRQ Resources 列出了 IRQ 3/4/5/7/9/10/11/12/14/15,让用户根据使用 IRQ 的设备类型来设置每个 IRQ。设定值有:

PCI Device(为 PCI 总线结构的 Plug & Play 兼容设备)

Reserved IRQ(将保留为以后的请求)

4. PCI/VGA Palette Snoop(PCI/VGA 调色板配置)

当设置为 Enabled,工作于不同总线的多种 VGA 设备可在不同视频设备的不同调色板上处理来自 CPU 的数据。在 PCI 设备中命令缓存器中的第五位是 VGA 调色板侦测位(0 是禁用的)。例如,如果计算机中有两个 VGA 设备(一个是 PCI,一个是 ISA),设定方式如下:如果系统中安装的任何"ISA"适配卡要求 VGA 调色板侦测,此项必须设置为 Enabled。

4.2.9 Frequency/Voltage Control(频率/电压控制)项子菜单

在主菜单中用方向键选择"Frequency/Voltage Control"项然后回车,即进入了"Frequency/Voltage Control"项子菜单,如图 4-9 所示。

"Frequency/Voltage Control"项子菜单中共有 4 子项:

1. Auto Detect DIMM/PCI Clk(自动侦测 DIMM/PCI 时钟频率)

当设置为 Enabled,系统会自动侦测安装的 DIMM 内存条或 PCI 卡,然后提供时钟给它,系统将屏蔽掉空闲的 DIMM 槽和 PCI 插槽的时钟信号,以减少电磁干扰(EMI)。设定值有:

Disabled(禁用);

Enabled(开启)。

2. Spread Spectrum(频展)

当主板上的时钟震荡发生器工作时,脉冲的极值(尖峰)会产生 EMI(电磁干扰)。频率范围设定功能可以降低脉冲发生器所产生的电磁干扰,所以脉冲波的尖峰会衰减为较为平滑的曲线。如果没有遇到电磁干扰问题,将此项设定为 Disabled,这样可以优化系统的性能表现和稳定性。但是如果被电磁干扰问题困扰,请将此项设定为 Enabled,这样可以减少电磁干扰。注意,如果超频使用,必须将此项禁用。因为即使是很微小的峰值漂移(抖动)也会引入时钟速度的短暂突发,这样会导致超频的处理器锁死。可选项为:Enabled,＋/－

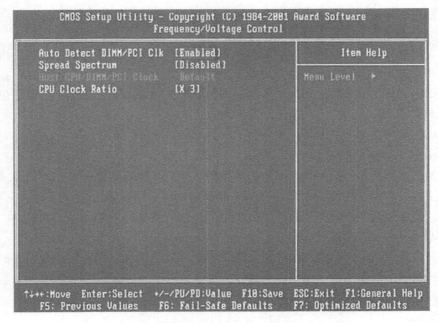

图 4-9　Frequency/Voltage Control 菜单

0.25%,-0.5%,$+/-0.5\%$,$+/-0.38\%$。

3. Host CPU/DIMM/PCI Clock(CPU 主频 DIMM 内存/PCI 时钟频率)

此选项指定了 CPU 的前端系统总线频率、内存条时钟频率和 PCI 总线频率的组合。它提供给用户一个处理器超频的方法。如果此项设置为 Default,CPU 主频总线,内存条和 PCI 总线的时钟频率都将设置为默认值。设定值有:

Disabled(禁用);

Enabled(开启)。

4. CPU Clock Ratio (CPU 倍频设定)

对于未锁频的 CPU,可能要在本项设置 CPU 倍频才会正常显示,但是如果手头上的 CPU 是锁频的 CPU,那么不需要作 CPU 倍频设置,该项即可正常显示。

4.2.10　Load Fail-safe Defaults(载入最安全的缺省值)

使用此菜单载入工厂默认值作为稳定的系统使用。

4.2.11　Load Optimized Defaults(载入高性能缺省值)

使用此菜单载入最好的性能,但有可能影响稳定的默认值。

4.2.12　Set Supervisor Password(设置超级用户密码)

使用此菜单可以设置超级用户的密码。

4.2.13　Set User Password(设置用户密码)

使用此菜单可以设置用户密码。

4.2.14 Save & Exit Setup(保存后退出)

保存对 CMOS 的修改,然后退出 Setup 程序。

4.2.15 Exit Without Saving(不保存退出)

放弃对 CMOS 的修改,然后退出 Setup 程序。

4.3 BIOS 设置图解教程之 AMI 篇

4.3.1 AMI BIOS "Main"菜单项设置

1. Main 菜单概述

这个菜单中,实际上没有什么特别重要的资料,第一项是调节系统时间,第二项是调节系统日期,实际上这两个步骤都可以在 Windows 操作系统中进行操作,如图 4-10 所示。

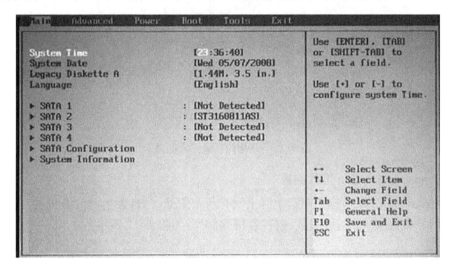

图 4-10 AMI BIOS "Main"菜单

2. SATA 接口配置选项

再往下的菜单中,有四个 SATA 配置,这实际上是直接关联主板上 SATA 接口的。一般来说,SATA 接口可以自动识别到安装到此端口的设备,所以需要设置的时候非常少,当然不排除特殊情况。

3. SATA Configuration(SATA 配置)

在这里,我们可以对主板上的 SATA 工作模式进行调节,甚至关闭 SATA 接口的功能。SATA 工作模式一般分两种:Compatible 和 Enhanced,从中文意思上来理解,也就是"兼容模式"和"增强模式",那到底是什么意思呢? 很多朋友都有在安装 Windows XP、Windows 7 系统时,出现找不到硬盘的情况,实际上这就是 SATA 工作模式没有调节好。一般来说,一些比较老的操作系统对 SATA 硬盘支持度非常低,在安装系统之前,一定要将

SATA的模式设置成 Compatible。Compatible 模式时 SATA 接口可以直接映射到 IDE 通道，也就是 SATA 硬盘被识别成 IDE 硬盘，如果此时电脑中还有 PATA 硬盘的话，就需要做相关的主从盘跳线设定了。当然，Enhanced 模式就是增强模式，每一个设备拥有自己的 SATA 通道，不占用 IDE 通道，适合 Windows VISTA 、Windows 7 以上的操作系统安装。

4. 硬盘的写保护设定菜单

这里设定的主要是防止 BIOS 对硬盘的写入，实际上就是防范多年前有名的 CIH 病毒。不过现在已经很少有 BIOS 病毒，所以硬盘写保护也没有什么用处，建议 Disabled，如图 4-11 所示。

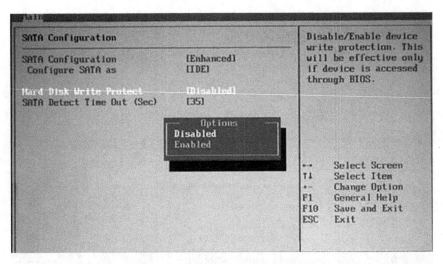

图 4-11　硬盘的写保护设定菜单

5. System information 选项设置

返回 Main 主菜单中，这个项目实际上没有什么用处，用来看当前计算机的一些基本配置。比如 CPU 型号、频率、线程数、内存容量等信息，如图 4-12 所示。

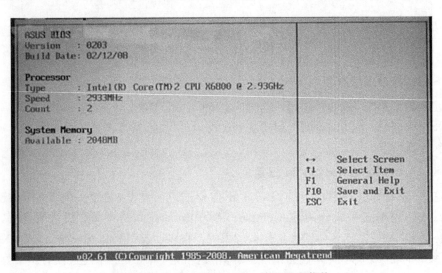

图 4-12　System information 选项设定菜单

4.3.2 Advanced"高级"菜单项设置（如图 4-13 所示）

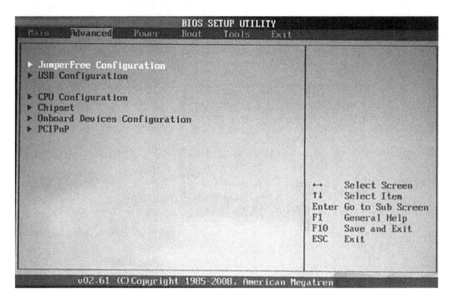

图 4-13 Advanced "高级"设置菜单

1. JumperFree Configuration（免跳线配置）

第一个项目是免跳线设置的项目。进入 JumperFree Configuration 后，可以看到如图 4-14所示的界面，内容非常繁多。我们从第一项往下数，来看看它们具体都是什么意思。Ai Overclock Tuner——人工智能超频（建议设置为 Auto）；CPU Ratio Setting——CPU 频率设置（建议设置为 Auto，超频时需设定）。

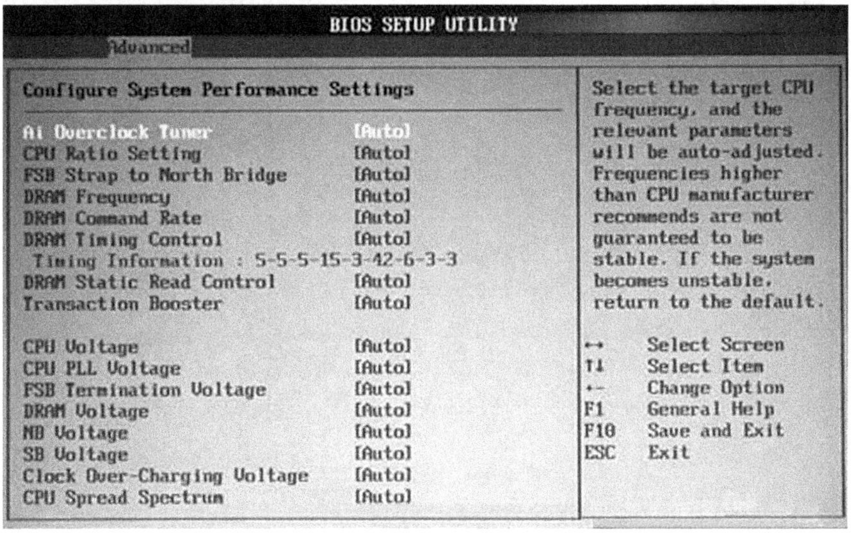

图 4-14 JumperFree Configuration 菜单

下面的几项都是调节内存的项目，如果不超频的话，建议都设置成 Auto 状态，如图 4-15 所示。

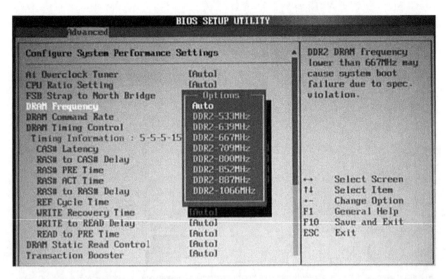

图 4-15　内存设置菜单

2. USB Configuration（USB 配置）

USB Conguration 里的内容不多，其中，USB Functions 就是配置是否开启 USB 功能的项目，对于普通用户来说，当然应该开启此功能了。不过网吧机器的话，这里就应该选择 Disabled，如图 4-16 所示。

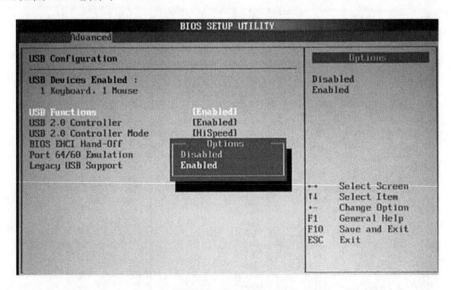

图 4-16　USB 配置菜单

第二项是 USB 2.0 控制器调节，如果选择 Enabled，USB 接口就会工作在 USB 2.0 的传输模式下，如果选择 Disabled，就会被降级为 USB 1.1，速度会慢很多。想必绝大多数用户都会 Enabled 此项吧！下一个是 USB 2.0 控制器工作模式，有高速模式和全速模式两种选择,不过此项意义不大。

　　第四项和第五项对于普通用户来说也没有什么用处,保持默认值就好。第六项就有点重要了,Legacy USB Support,直译成中文可以理解为"传统 USB 设备支持",这里一定不要设置成 Disabled,否则连接的 USB 键盘会出现无法在 BIOS 和 DOS 中识别的情况。建议选择 Auto,在计算机连接有传统 USB 设备时,则开启;反之则自动关闭,如图 4-17 所示。

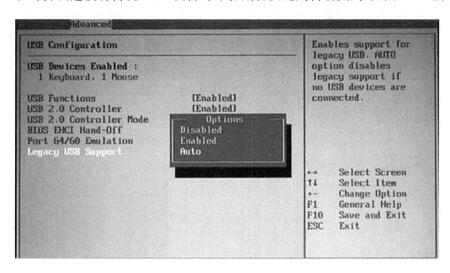

图 4-17　Legacy USB Support 配置菜单

3. CPU Configuration(CPU 配置)

　　下面再次返回主菜单,进入 CPU 配置页面,CPU 配置页面里对于普通用户来说,没有太大的用处,第一项是设置 CPU 频率的,这在 JumperFree Configuration 里就已经有了,超频玩家才能用得着,如图 4-18 所示。

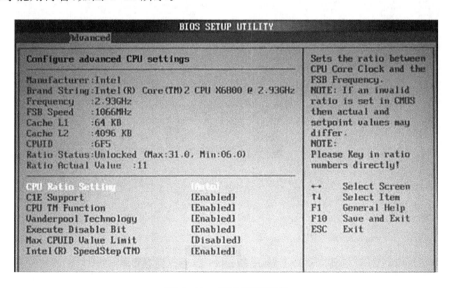

图 4-18　CPU 配置菜单

最后一个项目是 Intel 有名的 SpeedStep 技术,如果开启此技术的话,可以实现 CPU 在空闲时自动降频,从而节省电能,强烈推荐笔记本用户开启此选项,如图 4-19 所示。

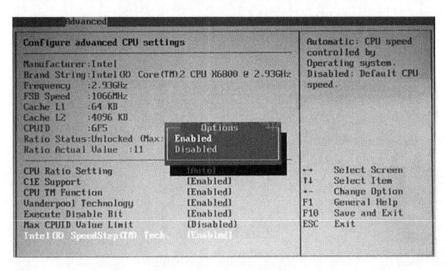

图 4-19　SpeedStep 配置菜单

4. Chipset(芯片组)设置

这里的 Chipset 主要是对北桥芯片进行配置。我们经常调节的只有第二项,Initiate Graphic Adapter,中文意思是从什么图形卡启动。也就是说,当我们计算机中有一块 PCI 显卡和一块 PCI-E 显卡同时存在时,到底让哪一块显卡工作来引导系统。一般来说,整合主板中这里的调节项为 PCI-E/On board,也就是先从独立显卡引导还是从集成显卡引导,如图 4-20 所示。

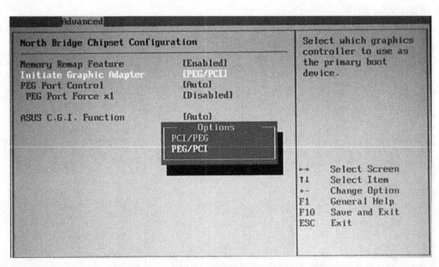

图 4-20　Initiate Graphic Adapter 配置菜单

5. Onboard Devices Configuration(板载设备配置)

主要是一些集成在主板上的设备,包括声卡、网卡、1394 控制器等设备。有一天,你突然发现声卡消失了,或者网卡消失了,那么就应该来 BIOS 里看看这里是不是被屏蔽了。如图 4-21 正在调节高保真音频,如果你没有独立声卡的话,就选择 Enabled 吧。

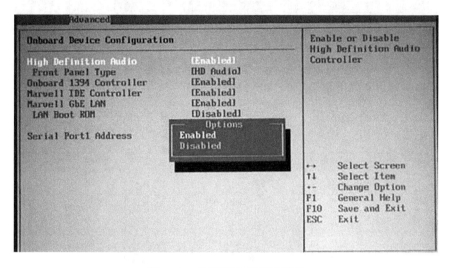

图 4-21　高保真音频配置菜单

Front Panel Type 讲的是前置音频的类型,可以设置成 AC97 或者是 HD Audio。如果家里没有 5.1 声道以上音响设备的话,建议设置成 AC97,因为这样前后的音频才是独立的。如果选择 HD Audio 的话,前置音频只能作为 5.1 声道系统中的两个小音箱,如图 4-22 所示。

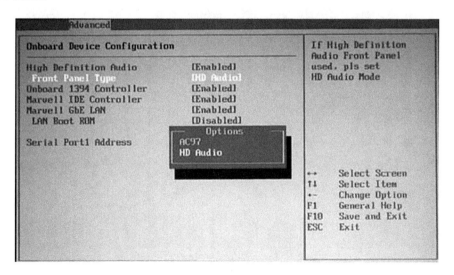

图 4-22　前置音频配置菜单

假设我们有一块主板,并且采用 Intel P35 芯片组,南桥芯片没有直接提供 IDE 的支持。不过该主板采用了 Marvell 公司提供的一颗 IDE 控制芯片,通过这颗芯片提供了一个 IDE 接口的支持。如果你没有 IDE 硬盘或光驱的话,可以将此项选择 Disabled。下一项是 Marvell 千兆网卡控制器设置,除非你有性能更加强劲的独立网卡,那么此选项建议设置成

Enabled,如图 4-23 所示。

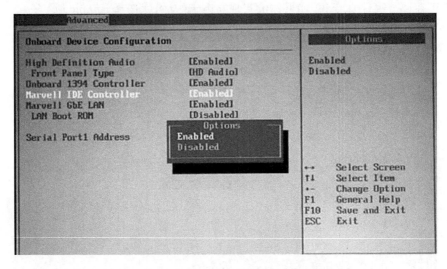

图 4-23 Marvell 千兆网卡控制器配置菜单

6. PCI/PnP 设置

主菜单中下一个项目是 PCI/PnP 配置,主要是对硬件的中断请求等进行手动分配,设置稍有不当,就可能造成硬件无法运行,非高级用户建议不要尝试,这部分内容我们也略过,如图 4-24 所示。

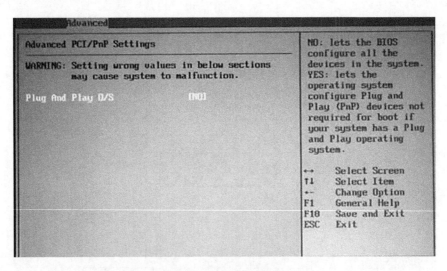

图 4-24 PCI/PnP 配置菜单

4.3.3 Power 菜单项设置

1. Suspend Mode 挂起模式

下面我们再来看一下 Power 菜单中的一些重点项目。Power 菜单里第一项是挂起模式,对于 PC 机来说,建议选择 S3 only 或者 Auto,而对于 POS 机来说,则建议选择 S1,如

图 4-25 所示。

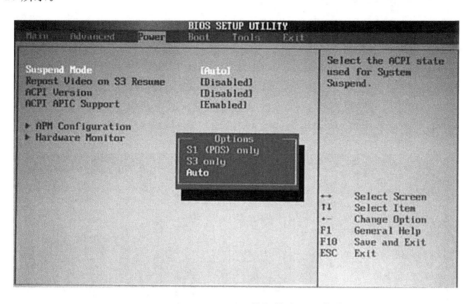

图 4-25 Suspend Mode 挂起模式配置菜单

2. ACPI APIC Support（高级电源管理）设置

其他几个项目可以都保持默认值，但是在这里要提一下 ACPI APIC Support（高级电源管理）这一项。很多人都遇到过在 Windows 操作系统界面当中点关机之后，电脑虽然注销了，但并没有关机，必须要再次按一下电源开关，计算机才会关闭。如果你遇到这种情况的话，那么 80%以上都是因为没有开启 ACPI APIC Support 这一项，所以本项一定要开启，如图 4-26 所示。

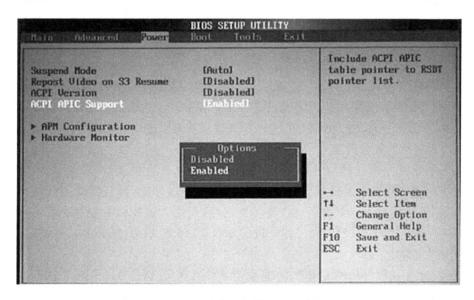

图 4-26 高级电源管理配置菜单

3. APM Configuration 设置

（1）Restore on AC Power Loss 设置

很多朋友都遇到过这样的问题，就是只要一插上电源线，电脑就会自动开机，对于初学者来说，要解决这个问题看起来很难，实则不然。在 BIOS 的 Power 中，有 Restore on AC Power Loss 这一项，实际上这里就可以修复上面的问题。我们来看看 Restore on AC Power Loss 的中文意思，可以理解为当断开的 AC 电源恢复时所处的状态。这里的主要功能就是，当电脑非正常断电之后，电流再次恢复时，计算机要处在什么状态，如图 4-27 所示。

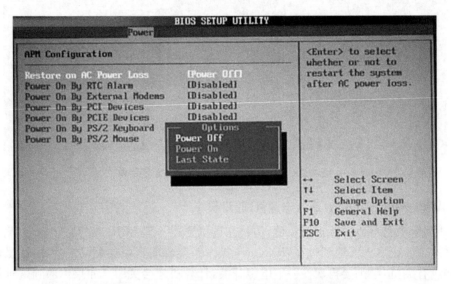

图 4-27 Restore on AC Power Loss 配置菜单

有三个选项：

Power Off（当电流恢复时，计算机处在关机状态）

Power On（当电流恢复时，计算机处在开机状态）

Last State（最近一次的状态，也就是断电时的状态）

如果真正理解了 Restore on AC Power Loss 的同学，相信已经明白为什么一插上电源线电脑就会自动开机了，原来是因为这里选择了 Power on，当然 Last State 也可能导致这种情况出现。如果你还被这个问题所困扰，那么现在就可以去解决了。

（2）键盘开机功能的设置

键盘开机也就是通过键盘上的某个（组合）按键来开启电脑，不需要按机箱前面的 Power 按钮。要实现键盘开机的话，不仅主板要支持键盘开机，而且键盘也必须得支持此功能。还好，几乎现在所有主板都可以支持此功能，而绝大多数标准键盘也都可以支持此功能。还有一点非常重要，键盘和鼠标开机都只能支持 PS/2 接口的产品，USB 接口的键盘鼠标是无法支持的。

图 4-28 就是键盘开机的设置界面，这里有 3 种选择，分别是 Space Bar（空格键），Ctrl-Esc，Power Key（键盘上的 Power 键）。当你选择相应的（组合）键之后，下次开计算机就可以直接通过相应的按键来开启了。

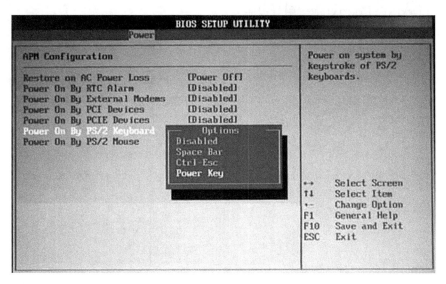

图 4-28　键盘开机功能配置菜单

4. 硬件监控设置

一般来说,Power 菜单里还有个硬件监控页面,这个页面里显示了当前 CPU、主板等设备温度、电压、风扇转速等内容,在某些时候也可以根据这些排除一些故障,如图 4-29 所示。

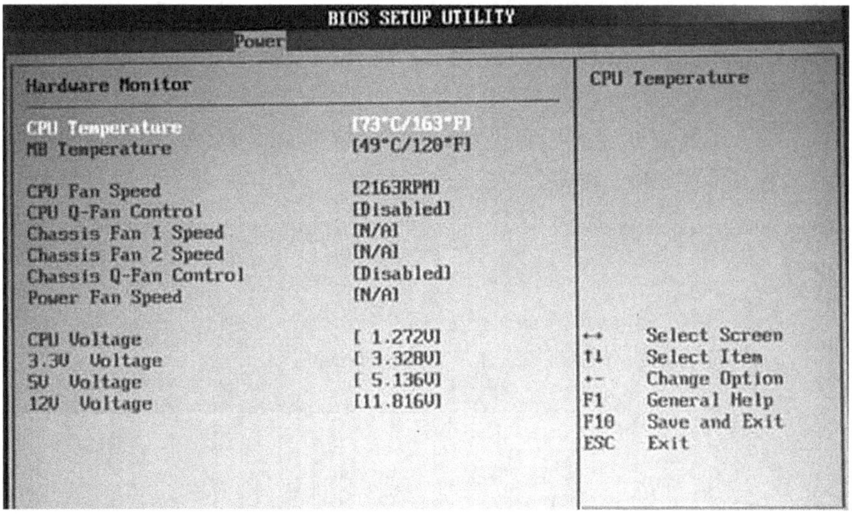

图 4-29　硬件监控配置菜单

4.3.4　Boot 菜单项设置

Boot 菜单是我们平时使用中,用得最多的一个菜单了,这里主要是对各种引导项进行配置。下面我们来看一下 Boot 菜单里的重要功能。

在 Boot 菜单下面有三个子菜单:

Boot　Device　Priorty（优先引导设备）

Boot　Setting　Configuration（引导设置配置）

Security　（设置开机密码）

这三个菜单里的内容都非常实用，并且都是十分重要的，如图 4-30 所示。

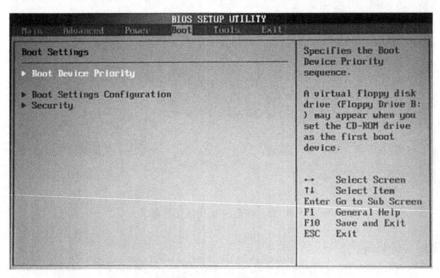

图 4-30　Boot 菜单配置菜单

1. Boot Device Priority（优先引导设备）

这个项目里，就可以设置系统优先从哪个设备引导。1st Boot Device 是首引导设备，2nd Boot Device 是第二个引导设备，以此类推。使用光盘安装系统的时候，在这里就需要将 1st Boot Device 设置成光驱，"菜单"里找到你所使用的光驱型号就可以；如果你想要从硬盘启动系统，那么你就需要在这里将硬盘设置成 1st Boot Device，如图 4-31 中的 HDD：PM-ST3160811AS，希捷 160G 硬盘。

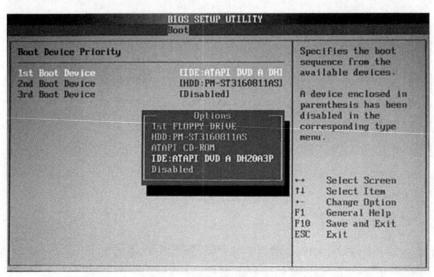

图 4-31　Boot Device Priority（优先引导设备）配置菜单

2. Boot Settings Conguration（引导设置配置）

在 Boot Settings Conguration 菜单里，用得最多的就是 Wait For "F1" if Error，和 Full Screen Logo。Full Screen Logo 的作用就是关闭/开启开机 BIOS 全屏画面，有 Enabled 和 Disabled 两个选项，Enabled 表示开启全屏开机画面，Disabled 则表示关闭开机 Logo。还有一个就是 Wait For "F1" if Error，相信很多人都遇到过打开电脑必须按 F1 键才可以启动电脑，实际上就是这里的原因。如果你遇到了每次开机都需要按 F1 才能进入电脑，但又不确定到底是什么地方出了问题的时候，就可以将此项设置成 Disabled，问题得以解决，如图 4-32 所示。

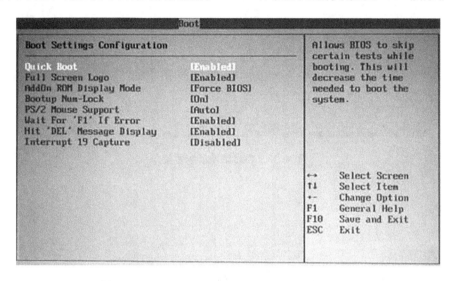

图 4-32　Boot Settings Conguration（引导设置配置）

3. Security 设置

第三个菜单里主要设置开机密码，里面非常简单，我们可以设置开机密码，防止别人进入电脑系统，窃取资料和数据等。

4.3.5　Exit 菜单项设置

Exit 菜单里有四个项目，从上至下分别为：

Exit & Save Changes——保存设置并退出

Exit & Discard Changes——不保存设置，并退出

Discard Changes——仅仅撤销修改，不退出

Load Setup Defaults——载入默认设置

保存并退出最简单的一个方法，是在 BIOS 设置界面里按 F10，再按 Y，这样可以快速地保存并退出 BIOS，如图 4-33 所示。

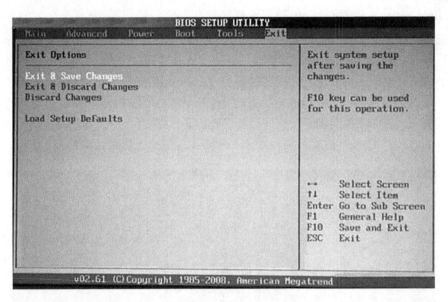

图 4-33　Exit 菜单项配置菜单

习　题

一、填空题

1. 所谓 BIOS,实际上就是 Basic Input Output System 的简称,译为_____,其内容集成在微机主板上的一个 ROM 芯片上。

2. 在 Award BIOS 中,把 Quick Power on Self Test 设置为_____时,可以加速计算机的启动。

3. BIOS 设置时,选择_____可以载入 BIOS 默认安全设置。

4. 在 Award BIOS 中,_____选项可用来设置计算机在闲置多少时间后,进入休眠状态;_____选项则可用来设置计算机进入休眠状态后的省电模式。

5. 主板上有两个用以连接硬盘数据线的 IDE 插槽,通常蓝色的 IDE 插槽所连接的硬盘为_____,在 BIOS 设置中以_____选项来控制所连接的硬盘;黑色插槽所连接为_____,在 BIOS 中是以_____选项来控制所连接的硬盘。

6. BIOS,即电脑的基本输入/输出系统,是集成在主板上的一块 ROM 芯片,其中保存有电脑系统最重要的_____、_____、_____和_____。

7. BIOS 芯片分为_____、_____和_____3 种。

8. 目前最流行的 BIOS 有_____、_____和_____3 个厂商的产品。

9. BIOS 设置时,选择_____可以载入 BIOS 默认安全设置。

10. BIOS 是_____的简称,它是由硬件和软件构成的一种固件。

二、选择题

1. 下列哪些不是常见的 BIOS 品牌之一?

A. AMI　　　　　　B. Phoenix　　　　　C. Award　　　　　D. Asus

2. 下列哪种品牌的 BIOS 常用来控制笔记本电脑内的设置？

A. AMI   B. Phoenix   C. Award   D. Asus

3. 下列哪种不是常见的进入 BIOS 方式？

A. 按下 F2 键

B. 按下 Ctrl＋Alt＋Esc 组合键

C. 按下 Delete 键

D. 按下 Shift＋Esc 组合键

4. 启动计算机后,计算机自动搜索所有安装在计算机上的硬件设备状态的步骤,称为_____。

A. 快速自我监控   B. 病毒扫描   C. 系统重整   D. 开机自我检测

5. _____不属于更新 BIOS 之前的准备动作。

A. 在系统中执行硬盘重组

B. 下载 BIOS 更新文件与记录程序

C. 确认主板品牌与 BIOS 版本

D. 制作 BIOS 备份

6. 要在开机进入任何设置前,系统出现输入密码提示,可以在 BIOS 特性设置的 "Secunty Option"中,选择_____。

A. Setup   B. System   C. Disabled   D. Enabled

7. Type Delay（Msec）用来设置显示两个字符中间的延迟时间,该项的默认值是_____毫秒。

A. 250   B. 500   C. 750   D. 1000

8. 如果用户不经意更改了某些设置值,可以选择_____来恢复,以便于发生故障时进行调试。

A. Advanced Chipset Features

B. PNP/PCI Configuration

C. Load Turbo Defaults

D. Load Setup Defaults

三、简答题

1. 目前 BIOS 的类型主要有哪几种？

2. 设置 Quick_Power_Self_Test（快速开机自检）为什么状态时,可以加速计算机的启动？

3. 简述 BIOS 的基本功能？

4. BIOS 与 CMOS 有何区别？有何联系？

5. Halt_On 有哪几个选项,对计算机有什么影响？

6. 启动顺序设置将如何引导系统启动？

7. 如何使用最简单的方法引导 BIOS 进入设置画面？

8. BIOS 升级需要做哪些准备工作？

9. 电脑中如果要安装双硬盘或双光驱该如何设置？

10. 为了防止别人进入电脑,要设置哪些密码,该如何设置？

5

硬盘分区及格式化

5.1 硬盘的低级格式化

硬盘低级格式化的方法很多,例如直接在 CMOS 中对硬盘低级格式化,或者使用汇编语言对硬盘低级格式化,由于前两种方法通常需要专业的计算机知识,因此使用一些工具软件来对硬盘进行低级格式化成了许多用户的首选,常见的低级格式化工具有 Lformat、DM 等。

5.1.1 格式化概念

格式化,简单说,就是把一张空白的盘划分成一个个小区域并编号,供计算机储存,读取数据。没有这个工作,计算机就不知在哪儿写,从哪儿读。磁盘格式化动作可分为高级格式化(High-level Format)和低级格式化(Low-level Format)两种。高级格式化就是和操作系统有关的格式化,低级格式化就是和操作系统无关的格式化。

5.1.2 使用 DM 进行磁盘低级格式化

1. 启动 DM。
2. 选择菜单中的"(M)aintenance Options",进入高级菜单,如图 5-1 所示。

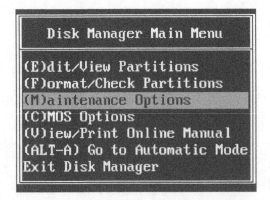

图 5-1 进入高级菜单   图 5-2 低级格式化

3. 然后选择"(U)tilities",进入低级格式化界面,如图 5-2 所示。
4. 接着选择需要低级格式化的硬盘,如果只有一个硬盘直接回车即可,如果有多个需要从中进行选择,如图 5-3 所示。

5. 选择硬盘后,再选择"Low Level Format",进行低级格式化,如图5-4所示。

图5-3　选择低级格式化的硬盘

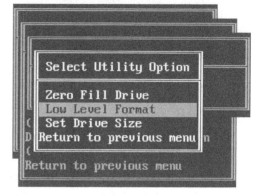

图5-4　选择低级格式化操作

6. 这时会弹出警告的窗口,按"Alt＋C"进行确认,如图5-5所示。

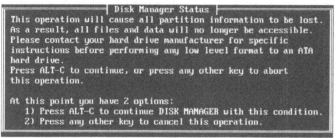

图5-5　确认窗口

图5-6　弹出警告窗口

7. 确认之后,显示提示"所有数据将丢失",并要求再次确认,选择"YES",如图5-6所示。

8. 选择完毕,硬盘开始低级格式化,并用百分比显示进度,如图5-7所示。

图5-7　开始低级格式化

5.2　硬盘的分区与高级格式化

硬盘分区是操作系统与驱动器之间的接口,是操作系统在磁盘上组织文件的方法。随着硬盘制造技术的不断更新,磁盘的容量也越来越大,如果将一个大容量硬盘当做一个分区使用,对电脑性能的发挥相当不利,也会使文件的管理变得非常困难。因此,对硬盘进行分区操作是非常有必要的。

5.2.1　硬盘分区的类型和格式

1. 分区类型

（1）主分区

主分区是一个比较单纯的分区,通常位于硬盘的最前面一块区域中,构成逻辑 C 磁盘。其中的主引导程序是它的一部分,此段程序主要用于检测硬盘分区的正确性,并确定活动分区,负责把引导权移交给活动分区的 DOS 或其他操作系统。此段程序损坏将无法从硬盘引导,但从软驱或光驱引导之后可对硬盘进行读写。

（2）扩展分区

扩展分区的概念是比较复杂的,极容易造成硬盘分区与逻辑磁盘混淆;分区表的第四个字节为分区类型值,正常的可引导的大于 32mb 的基本 DOS 分区值为 06,扩展的 DOS 分区值是 05。如果把基本 DOS 分区类型改为 05 则无法启动系统,并且不能读写其中的数据。

（3）逻辑分区

逻辑分区是硬盘上一块连续的区域,不同之处在于,每个主分区只能分成一个驱动器,每个主分区都有各自独立的引导块,可以用 fdisk 设定为启动区。一个硬盘上最多可以有 4 个主分区,而扩展分区上可以划分出多个逻辑驱动器。这些逻辑驱动器没有独立的引导块,不能用 fdisk 设定为启动区。主分区和扩展分区都是 dos 分区。

2. 分区格式

分区格式主要有 FAT16、FAT32、NTFS 等。

（1）FAT16

对电脑熟练者而言,对这种硬盘分区格式是最熟悉不过了,我们大都是通过这种分区格式认识和踏入电脑门槛的。它采用 16 位的文件分配表,能支持的最大分区为 2 GB,是曾经应用最为广泛和获得操作系统支持最多的一种磁盘分区格式,几乎所有的操作系统都支持这一种格式,从 DOS、Win 3.x、Win 95、Win 97 到 Win 98、Windows NT、Windows 2000、Windows XP 以及 Windows Vista 和 Windows 7 的非系统分区,一些流行的 Linux 都支持这种分区格式。但是 FAT16 分区格式有一个最大的缺点,那就是硬盘的实际利用效率低。因为在 DOS 和 Windows 系统中,磁盘文件的分配是以簇为单位的,一个簇只分配给一个文件使用,不管这个文件占用整个簇容量的多少。而且每簇的大小由硬盘分区的大小来决定,分区越大,簇就越大。

（2）FAT32

这种格式采用 32 位的文件分配表,使其对磁盘的管理能力大大增强,突破了 FAT16 对每一个分区的容量只有 2GB 的限制,运用 FAT32 的分区格式后,用户可以将一个大硬盘定义成一个分区,而不必分为几个分区使用,大大方便了对硬盘的管理工作。而且,FAT32 还具有一个最大的优点是:在一个不超过 8GB 的分区中,FAT32 分区格式的每个簇容量都固定为 4KB,与 FAT16 相比,可以大大地减少硬盘空间的浪费,提高了硬盘利用效率,但是,FAT32 的单个文件不能超过 4G。支持这一磁盘分区格式的操作系统有 Windows 97/98/2000/XP/Vista/7/8 等。但是,这种分区格式也有它的缺点,首先是采用 FAT32 格式分区的磁盘,由于文件分配表的扩大,运行速度比采用 FAT16 格式分区的硬盘要慢;另外,由于 DOS 系统和某些早期的应用软件不支持这种分区格式,所以采用这种分区格式后,就无法再使用老的 DOS 操作系统和某些旧的应用软件了。

（3）NTFS

NTFS 是一种新兴的磁盘格式,早期在 Windows NT 网络操作系统中常用,但随着安全性的提高,在 Windows Vista 和 Windows 7/8 操作系统中也开始使用这种格式,并且在 Windows Vista 和 Windows 7 中只能使用 NTFS 格式作为系统分区格式。其显著的优点是安全性和稳定性极其出色,在使用中不易产生文件碎片,对硬盘的空间利用及软件的运行速度都有好处。而且单个文件可以超过 4G。它能对用户的操作进行记录,通过对用户权限进行非常严格的限制,使每个用户只能按照系统赋予的权限进行操作,充分保护了网络系统与数据的安全。

5.2.2　硬盘分区的基本原则

分区的总的原则是:建立主分区→建立扩展分区→建立逻辑分区→激活主分区→格式化所有分区,如图 5-8 所示。

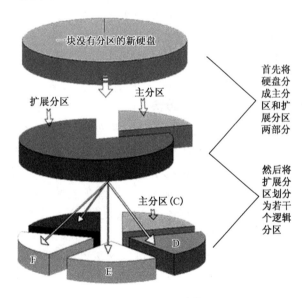

图 5-8　硬盘分区

1. 硬盘分区原则一:FAT 32 最适合 C 盘

理由:C 盘一般都是系统盘,安装主要的操作系统,我们通常有 FAT32 和 NTFS 两种选择。根据日常的计算机维护使用经验来说,使用 FAT32 要更加方便一些。因为在 C 盘的操作系统损坏或者清除开机加载的病毒木马的时候,我们往往需要用启动工具盘来修复。而很多启动工具盘是基于 Windows98 启动盘演变而来,大多数情况下不能辨识 NTFS

分区,从而无法操作 C 盘,导致了无法修复损坏的 C 盘启动菜单。

2. 硬盘分区原则二:C 盘不宜太大

理由:C 盘是系统盘,硬盘的读写比较多,产生错误和磁盘碎片的几率也较大,扫描磁盘和整理碎片是日常工作,而这两项工作的时间与磁盘的容量密切相关。C 盘的容量过大,往往会使这两项工作奇慢无比,从而影响工作效率,建议 C 盘容量在 50～80GB 比较合适。

3. 硬盘分区原则三:除了 C 盘外,其他分区尽量使用 NTFS 分区格式

理由:NTFS 文件系统是一个基于安全性及可靠性的文件系统,除兼容性之外,它远远优于 FAT32。它不但可以支持达 2TB 大小的分区,而且支持对分区、文件夹和文件的压缩,可以更有效地管理磁盘空间。对局域网用户来说,在 NTFS 分区上可以为共享资源、文件夹以及文件设置访问许可权限,安全性要比 FAT32 高得多。因此除了在主系统分区为了兼容性而采用 FAT32 以外,其他分区采用 NTFS 比较适宜。如果在其他分区采用FAT32,我们甚至无法在硬盘上虚拟 DVD 光盘(文件大小限制)镜像,无法为文件夹和分区设置权限,自然也谈不上保存动辄数十吉字节大小的 HDTV 文件了。

4. 硬盘分区原则四:双系统乃至多系统好处多多

理由:如今木马、病毒、广告软件、流氓软件横行,系统缓慢、无法上网、系统无法启动都是很常见的事情。一旦出现这种情况,重装、杀毒要消耗很多时间,往往耽误工作。有些顽固的开机加载的木马和病毒甚至无法在原系统中删除。而此时如果有一个备份的系统,事情就会简单得多,启动到另外一个系统,可以从容杀毒、删除木马、修复另外一个系统,乃至用镜像把原系统恢复。即使不做处理,也可以用另外一个系统展开工作,不会因为电脑问题耽误事情。

5. 硬盘分区原则五:系统、程序、资料分离

理由:Windows 有个很不好的习惯,就是把“我的文档”等一些个人数据资料都默认放到系统分区中。这样一来,一旦要格式化系统盘来彻底杀灭病毒和木马,而又没有备份资料的话,数据安全就很成问题。正确的做法是将需要在系统文件夹和注册表中拷贝文件和写入数据的程序都安装到系统分区里面;对那些可以绿色安装,仅仅靠安装文件夹的文件就可以运行的程序放置到程序分区之中;各种文本、表格、文档等本身不含有可执行文件,需要其他程序才能打开资料,都放置到资料分区之中。这样一来,即使系统瘫痪,不得不重装的时候,可用的程序和资料一点不缺,很快就可以恢复工作,而不必为了重新找程序恢复数据而头疼。

6. 硬盘分区原则六:保留至少一个巨型分区

理由:应该承认,随着硬盘容量的增长,文件和程序的体积也是越来越大。以前一部压缩电影不过几百兆字节,而如今的一部 HDTV 就要接近 20GB;以前一个游戏仅仅几十兆字节,大一点的也不过几百兆字节,而现在一个游戏动辄数吉字节。假如按照平均原则进行分区的话,当你想保存两部 HDTV 电影时,这些巨型文件的存储就将会遇到麻烦。因此,对于海量硬盘而言,非常有必要分出一个容量在 100GB 以上的分区用于巨型文件的存储。

5.2.3 使用 PartitionMagic 软件对硬盘分区和高级格式化

1. 硬盘分区

（1）启动 PartitionMagic，如图 5-9 所示。

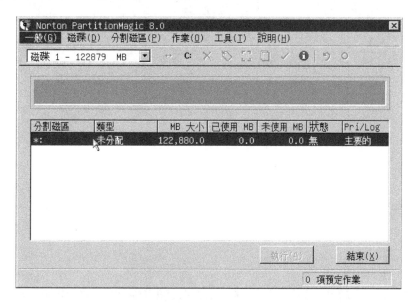

图 5-9 PartitionMagic 软件界面

（2）单击"Operations/Create"（作业/建立）命令，如图 5-10 所示。

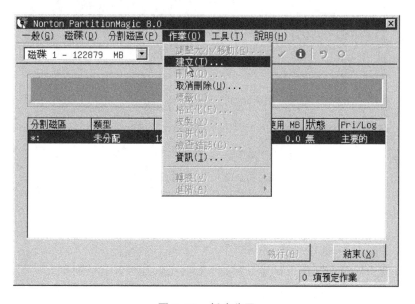

图 5-10 新建分区

（3）设置主要分区（即 C 盘），如图 5-11 所示。

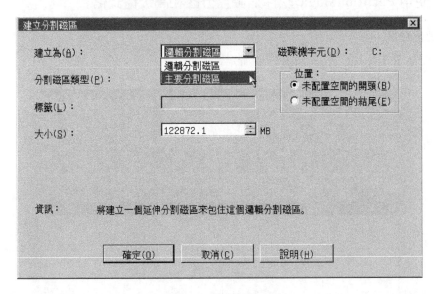

图 5-11　建立主分区

（4）设置分区格式，如图 5-12 所示。

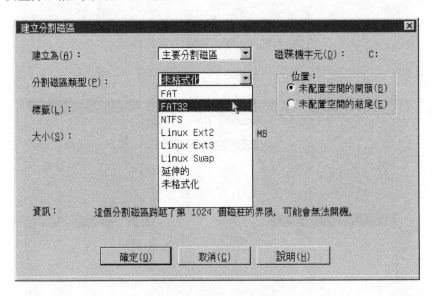

图 5-12　选择分区类型

（5）设置分区大小，如图 5-13 所示。

（6）设置完成后单击"OK"（确定），完成 C 盘分区，如图 5-14 所示。

（7）划分逻辑分区。接着同样步骤，划分逻辑分区（即 D 盘、E 盘和 F 盘），如图 5-15，图 5-16 所示。

（8）激活主分区，如图 5-17，图 5-18 所示。

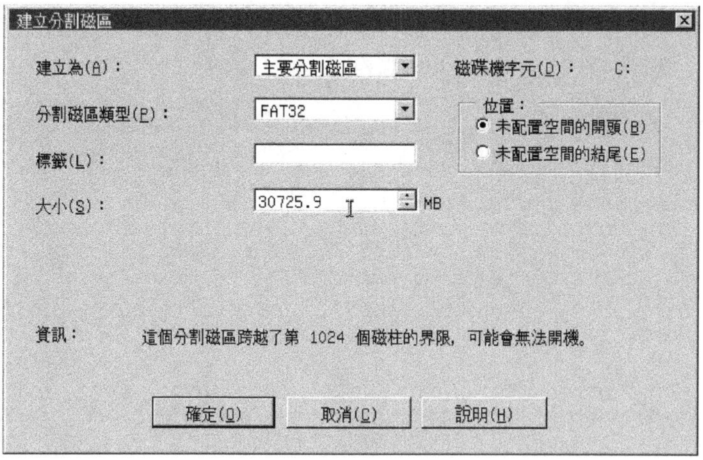

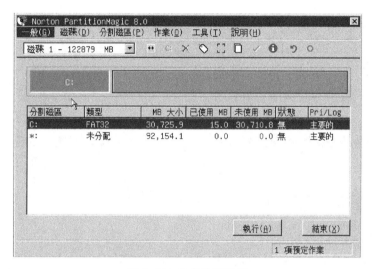

图 5-13　选择分区大小

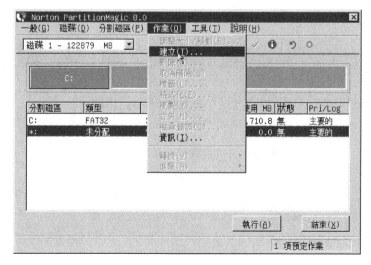

图 5-14　C盘分区完成

图 5-15　建立逻辑分区

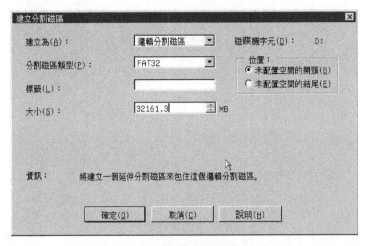

图 5-16　选择分区类型及大小

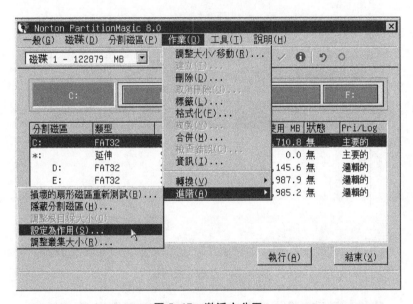

图 5-17　激活主分区

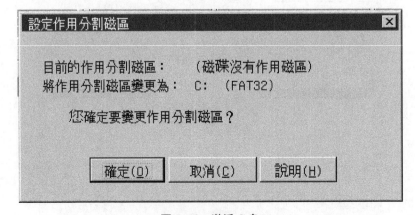

图 5-18　激活 C 盘

（9）确定后，单击"Apply"，"Yes"，开始执行前面设置时所有选中的步骤，使刚才所有设置生效。完成后单击"OK"，重启计算机，这样就完成分区工作了，如图 5-19，图 5-20 所示。

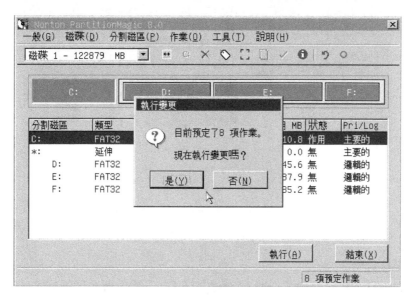

图 5-19　执行工作

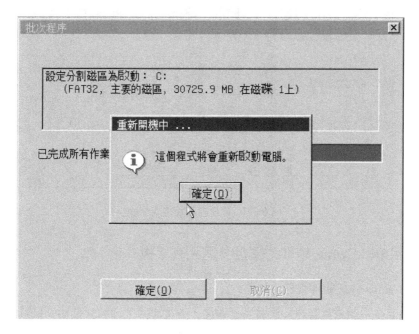

图 5-20　执行工作完成

2. 高级格式化分区

（1）以格式化 C 盘为例，选定要格式化的分区，单击"Operations/Format"（作业/格式化）命令，如图 5-21 所示。

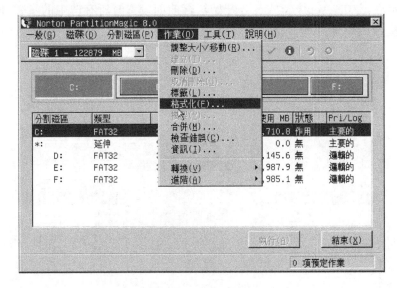

图 5-21　格式化 C 盘

（2）高级格式化分区

在弹出的对话框中选择格式类型，此处选"FAT32"，输入所在区的标签（可以空白），输入"OK"，单击"确定"就开始高级格式化，如图 5-22 所示。

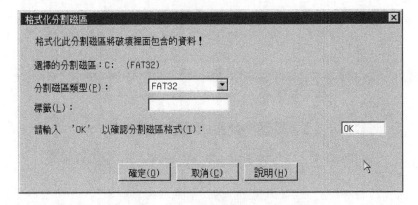

图 5-22　C 盘的高级格式化

5.2.4　使用 DiskGenius 软件对硬盘分区和高级格式化

1. DiskGenius 分区软件介绍

DiskGenius 是一款磁盘管理及数据恢复软件。支持对 GPT 磁盘（使用 GUID 分区表）的分区操作。除具备基本的分区建立、删除、格式化等磁盘管理等功能外，还提供了强大的已丢失分区搜索功能、误删除文件恢复、误格式化及分区被破坏后的文件恢复功能、分区镜像备份与还原功能、分区复制、硬盘复制功能、快速分区功能、整数分区功能、分区表错误检查与修复功能、坏道检测与修复功能。提供基于磁盘扇区的文件读写功能。支持 VMWare 虚拟硬盘格式。

支持 IDE、SCSI、SATA 等各种类型的硬盘。支持 U 盘、USB 硬盘、存储卡（闪存卡），支持 FAT12/FAT16/FAT32/NTFS/EXT3 文件系统,是一款非常不错的硬盘分区软件。

2. 使用 DiskGenius 软件对硬盘分区

第一步:Windows PE 系统或者是 DOS 系统下,打开此 DiskGenius 工具,如图 5-23 所示。

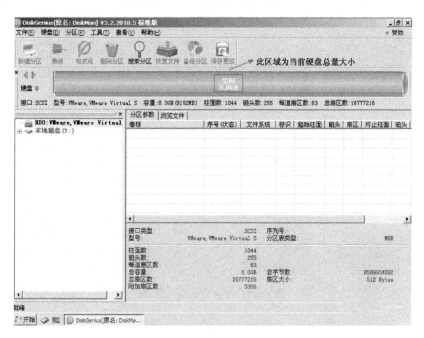

图 5-23 DiskGenius 分区软件

第二步:选择所需要分区的硬盘,确认硬盘容量大小,以免误分其他硬盘。

第三步:选中所需要分区的硬盘,如图 5-24 所示。

图 5-24 选择分区的硬盘

第四步：鼠标放在所要分区的硬盘上面，鼠标右击会出现下面的选择菜单，如图 5-25 所示。

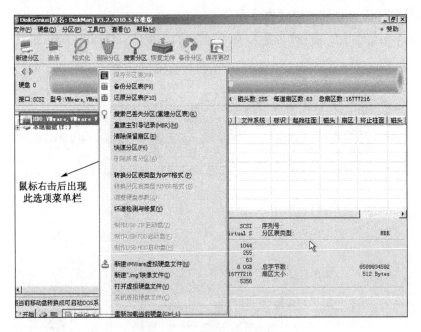

图 5-25　硬盘分区选项菜单

第五步：选择快速分区(F6)，点击进入，如图 5-26 所示。

第六步：选择所需要分区的数目或手动选择硬盘分区数目，并"重建引导记录"保持不变，如图 5-27 所示。

第七步：硬盘主分区默认不变，如图 5-28 所示。

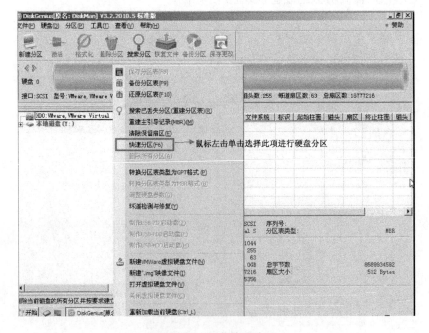

图 5-26　硬盘快速分区

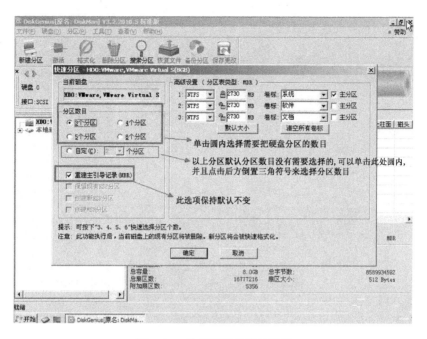

图 5-27　选择所需分区的数目

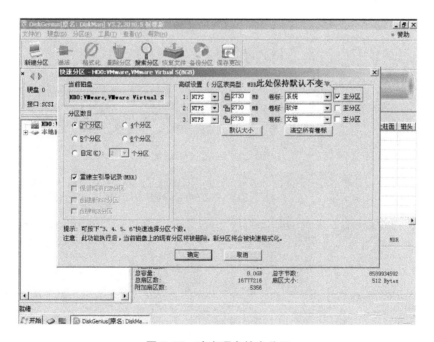

图 5-28　确定硬盘的主分区

第八步：修改硬盘主分区的容量（根据硬盘的大小选择合适的容量），如图 5-29 所示。

第九步：修改逻辑分区数目的容量大小，并点击其他分区容量空白处，自动调整全部容量，如图 5-30 所示。

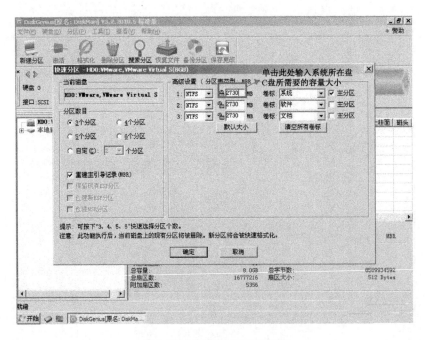

图 5-29　设置主分区的容量

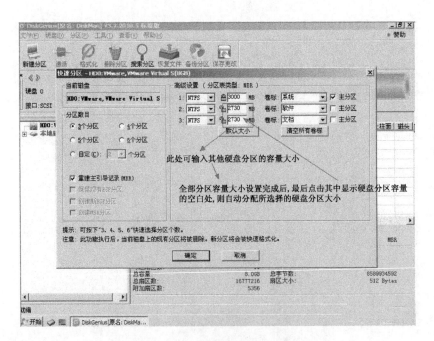

图 5-30　设置逻辑分区的容量

第十步：设置分区容量完毕，点击确定，如图 5-31 所示。

第十一步：分区正在进行中，如图 5-32 所示。

第十二步：硬盘现已分区完成，可以查看一下，如图 5-33 所示。

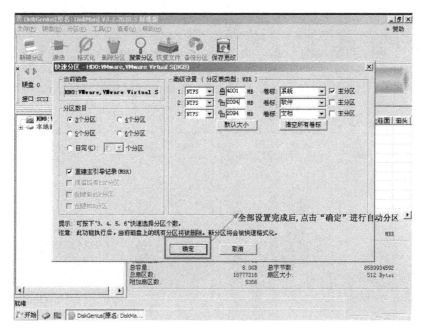

图 5-31   分区容量设置完成

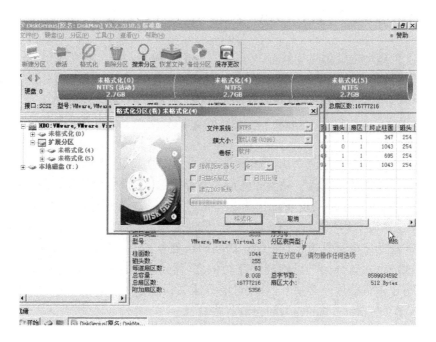

图 5-32   分区过程

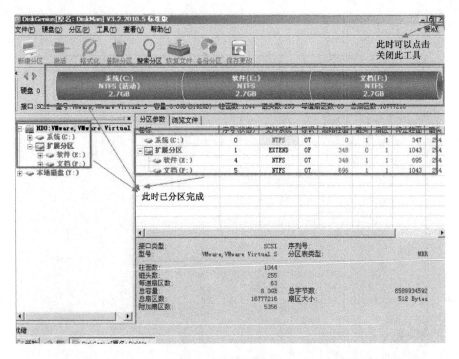

图 5-33　分区完成

5.3　Windows 7、Windows 8 操作系统硬盘分区的调整

现在购买的新电脑大多是预装有 Windows 7 或者 Windows 8 系统,网友会发现电脑上 500 G 的硬盘大多只有两个分区 C 盘和 D 盘,这时同学们都会想多分出几个分区来吧? 但是很多同学不会分区,有的去下载分区软件,有的会请人帮忙,甚至花钱请人分区。其实没有这么麻烦,Windows 系统本身就可以完成这个分区功能。下面以 Windows 8 系统怎么给硬盘分区为例。

Windows 8 系统自带分区功能,分区很方便。为安全起见,建议分区之前将个人重要文件备份到移动硬盘或者云盘。磁盘分区首先要弄明白磁盘物理顺序与逻辑顺序的区别,在"磁盘管理"界面,所显示的前后顺序为物理顺序,这是磁盘上实实在在的物理位置,如图 5-35 所示电脑磁盘物理顺序为 CFDE。在"资源管理器"界面,所显示的顺序为逻辑顺序 CDEF,CDEF 这些字母只是为了系统便于访问而给磁盘某一物理位置取的名而已,这些字母是可以更改的。磁盘分区是以物理顺序为依据,而访问电脑文件是以逻辑顺序为依据。搞明白这些对于磁盘分区是必须的,否则可能分区失误或丢失重要文件。分区前先要规划好分几个区,哪个区分多少空间,否则会走弯路。

5.3.1　压缩卷

1. 进入磁盘管理,如图 5-34 所示。

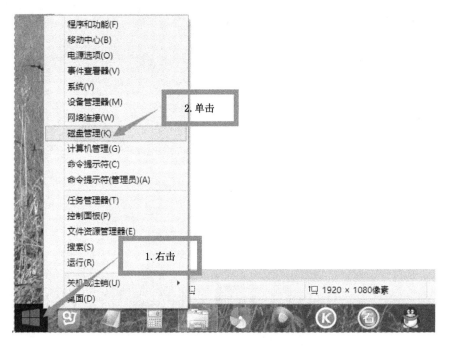

图 5-34　计算机磁盘管理界面

2. 选择要压缩的卷,就是要减小空间的卷,这里以 D 盘为例,点击右键,再点"压缩卷",如图 5-35 所示。

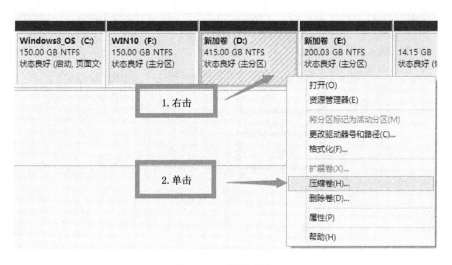

图 5-35　压缩磁盘

3. 输入压缩空间量,然后压缩。压缩空间量等于压缩前的总计大小减去被压缩卷要保留的空间大小,1GB＝1024MB,如图 5-36 所示。

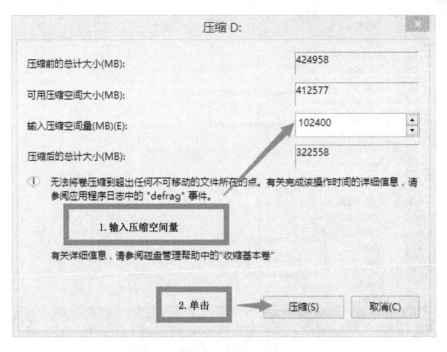

图 5-36　设置压缩大小

4. 压缩完成后形成一个未分配的卷,右击,再点"新建简单卷",如图 5-37 所示。

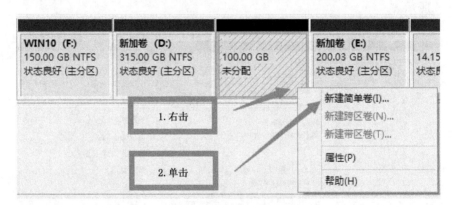

图 5-37　新建卷

5. 进入下一步,如图 5-38 所示。

6. 输入简单卷大小,进入下一步,如图 5-39 所示。

7. 分配新建卷的驱动器号,如图 5-40 所示。

8. 格式化,如图 5-41 所示。

9. 新建卷完成,如图 5-42 所示。

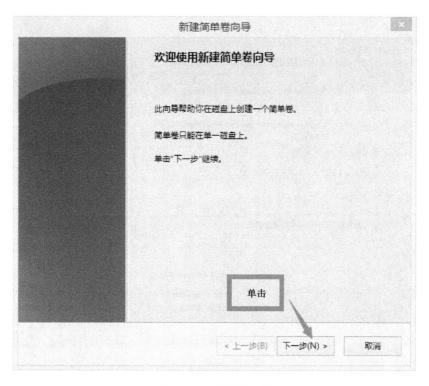

图 5-38　新建卷向导

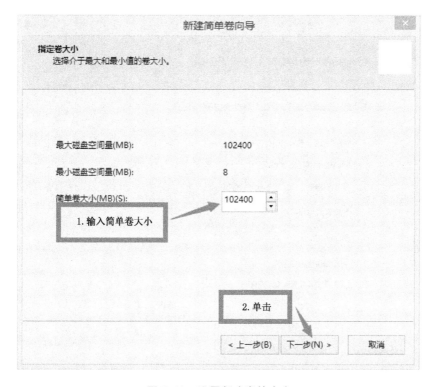

图 5-39　设置新建卷的大小

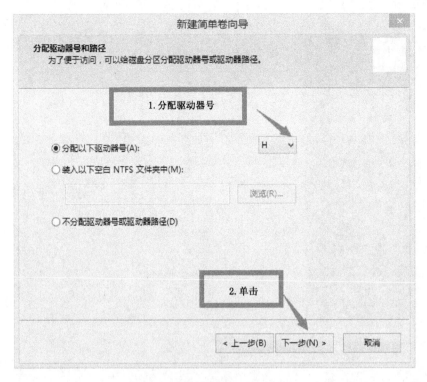

图 5-40　分配新建卷的驱动器号

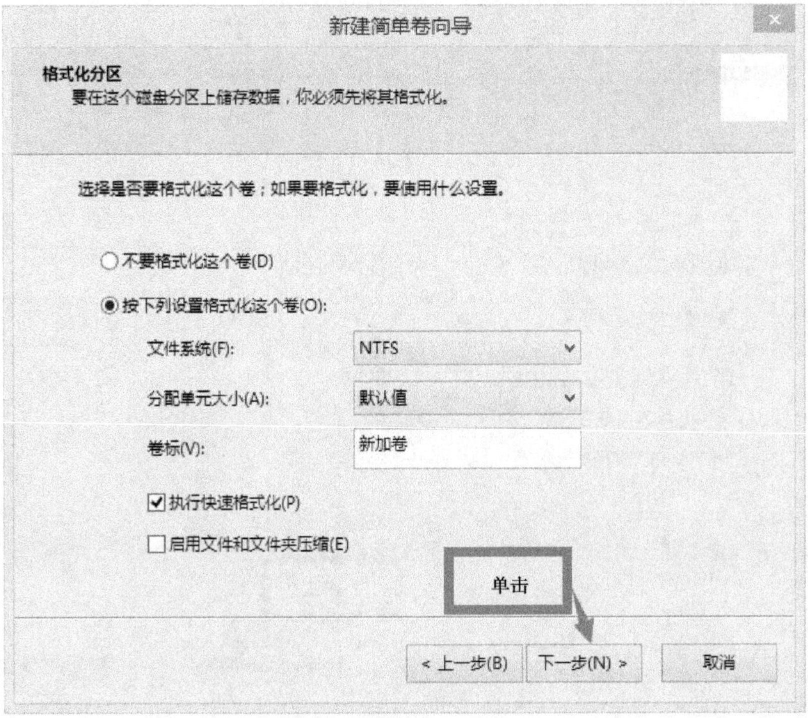

图 5-41　格式化新建卷

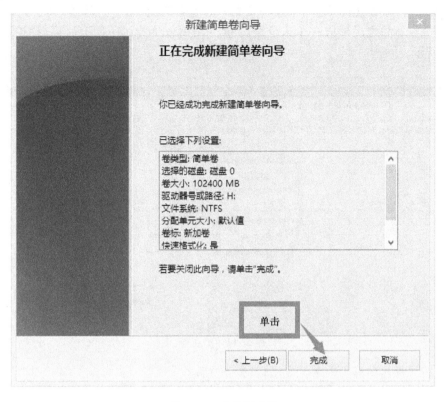

图 5-42 完成新建卷

5.3.2 扩展卷

1. 删除卷。必须将要扩展卷后面第一个(物理顺序)卷删除,才能扩展卷。这里以扩展 F 盘为例,右击 H 盘,再点"删除卷",如图 5-43 所示。

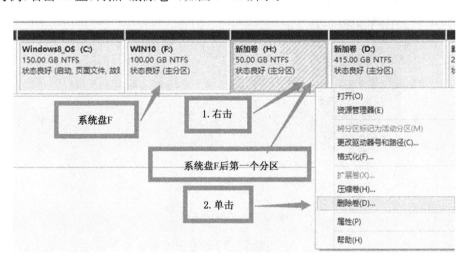

图 5-43 删除卷

2. 删除前,务必进入资源管理器将要删除的卷上的全部文件移动到其他非系统卷,否则将会丢失！删除之后形成一个未分配的卷,右击未分配卷前的 F 盘,再点"扩展卷",如图 5-44 所示。

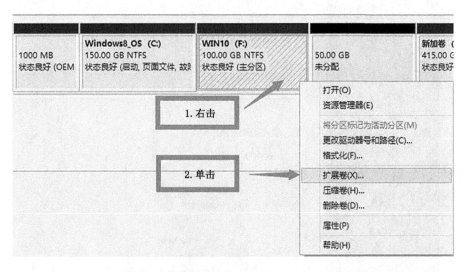

图 5-44　扩展卷

3. 执行扩展卷向导进入下一步,如图 5-45 所示。

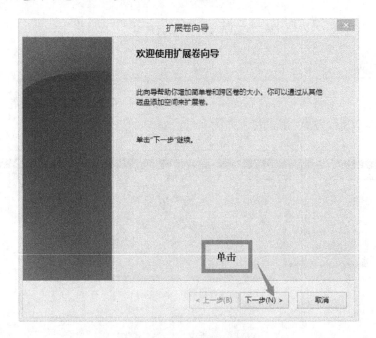

图 5-45　扩展卷向导

4. 输入选择空间量,进入下一步。选择空间量等于准备给要扩展卷(F)增大的空间量,如图 5-46 所示。

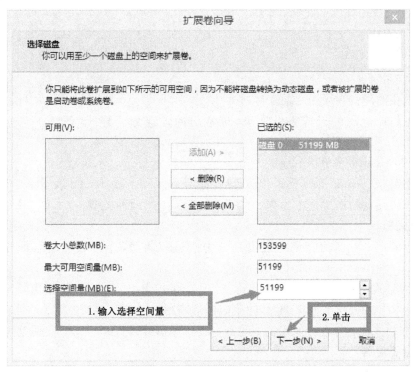

图 5-46　设置扩展卷的大小

5. 完成扩展卷，如图 5-47 所示。

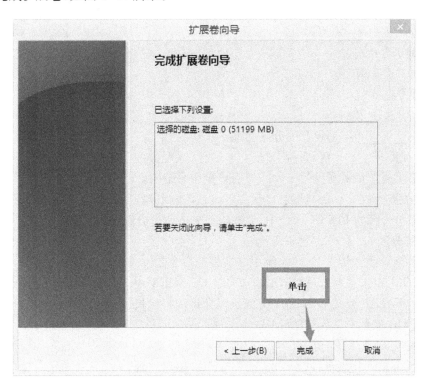

图 5-47　完成扩展卷

习 题

一、填空题

1. 新购买的硬盘在使用之前需经过_____和_____才能存放数据。

2. 根据目前流行的操作系统来看,最常用的硬盘分区格式有_____、_____、_____和_____4种。

3. 用 FDISK 给硬盘分区时应该先分_____,后分_____,最后分_____。

4. 使用命令 format c:/s 格式化磁盘后,显示 system transferred 表示_____。

5. 计算机硬盘的格式化主要有_____和_____两种类型。

二、选择题

1. 硬盘的_____功能是将磁盘划分为磁道和扇区,并为每个扇区标注地址和头标志。

   A. 低级格式化   B. 分区   C. 格式化   D. FORMAT

2. _____操作易损坏硬盘,故不应经常使用。

   A. 高级格式化   B. 低级格式化   C. 硬盘分区   D. 向硬盘拷贝文件

3. 硬盘驱动器_____。

   A. 全封闭,耐震性好,不易损坏

   B. 不易碎,不像显示器那样要注意保护

   C. 耐震性差,搬运时要注意保护

   D. 不用时应套入纸套,防止灰尘进入

4. 硬盘的主引导区位于_____。

   A. 0 面 0 道 0 扇

   B. 0 面 0 道 1 扇

   C. 1 面 0 道 0 扇

   D. 1 面 0 道 1 扇

5. 以下_____不是硬盘的分区类型。

   A. 主分区   B. 系统分区   C. 逻辑分区   D. 扩展分区

6. 计算机通常是从硬盘的_____引导操作系统的。

   A. 主分区   B. 扩展分区   C. 逻辑分区   D. 活动分区

7. 在硬盘分区的 FDISK 命令中,要删除原来的所有分区,应首先删除_____。

   A. 扩展分区   B. 逻辑盘   C. 主分区   D. 非 DOS 分区

8. 格式化 C 盘并传送 DOS 系统引导文件的命令是_____。

   A. FORMAT C:/S   B. FORMAT C/S   C. FORMAT /SC: D. FORMAT /SC

9. 采用 FAT16 分区格式,每个分区最大允许的容量是_____。

   A. 512MB   B. 2048MB   C. 8.4GB   D. 144GB

10. 在安装操作系统前必须_____。

   A. 分区并格式化硬盘   B. 磁盘整理

   C. 安装驱动程序   D. 打开外设

三、简答题

1. 硬盘分区的作用是什么？

2. 怎样对硬盘进行分区？

3. 硬盘高级格式化的作用是什么？

4. 有哪几种方法可对硬盘进行分区和格式化？

5. 计算机硬盘分区的基本原则有哪些？

6

计算机软件的安装

6.1 计算机操作系统的安装

一台完整的计算机是由硬件系统和软件系统组成的,硬件是躯体,软件才是灵魂。当我们要借助计算机来完成某一项工作时,就需要通过"操作系统"来实现对"硬件"的操作。因此,操作系统是计算机得以正常工作的基础。无论是组装一台新的计算机,还是受到病毒侵袭无法正常工作的计算机,都需要安装操作系统。操作系统(Operating System,OS)是管理和控制计算机硬件与软件资源的计算机程序,是直接运行在"裸机"上的最基本的系统软件,任何其他软件都必须在操作系统的支持下才能运行。

操作系统的功能包括管理计算机系统的硬件、软件及数据资源,控制程序运行,改善人机界面,为其他应用软件提供支持,让计算机系统所有资源最大限度地发挥作用,提供各种形式的用户界面,使用户有一个好的工作环境,为其他软件的开发提供必要的服务和相应的接口等。

6.1.1 全新安装 Windows XP 操作系统的详细过程与设置

1. 启动安装程序与加载系统文件

启动电脑,在 BIOS 中将电脑启动顺序设置为光驱优先,然后将 Windows 操作系统安装光盘放入光驱中,重启电脑后,当屏幕底部出现"Press any key to boot from CD or DVD…"提示信息时按任意键从光盘引导。Windows XP 操作系统安装程序将加载系统文件并按以下步骤安装操作系统。

(1) 开始启动安装程序,如图 6-1 所示。

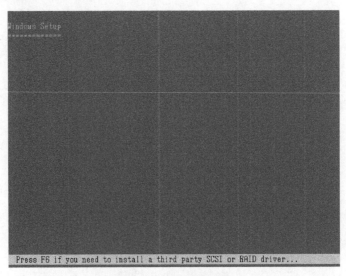

图 6-1 启动安装程序

（2）加载系统文件，选择操作系统安装选项，如图 6-2 所示。

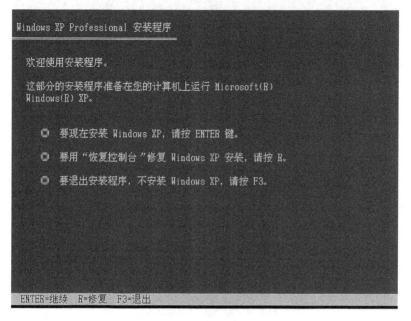

图 6-2　选择安装系统

（3）浏览并接受 Windows XP 许可协议，如图 6-3 所示。

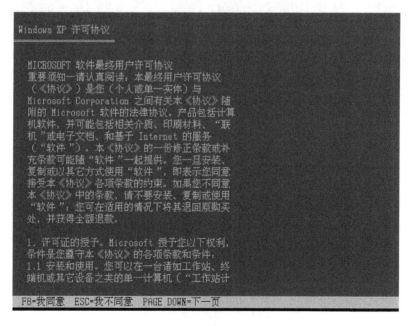

图 6-3　接收许可协议

2. 使用 Windows XP 的安装程序对硬盘进行格式化

（1）选择安装 Windows XP 的磁盘分区，如图 6-4 所示。

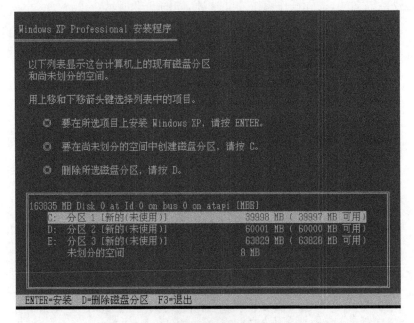

图6-4 选择安装系统的分区

（2）磁盘分区格式化开始，如图6-5所示。

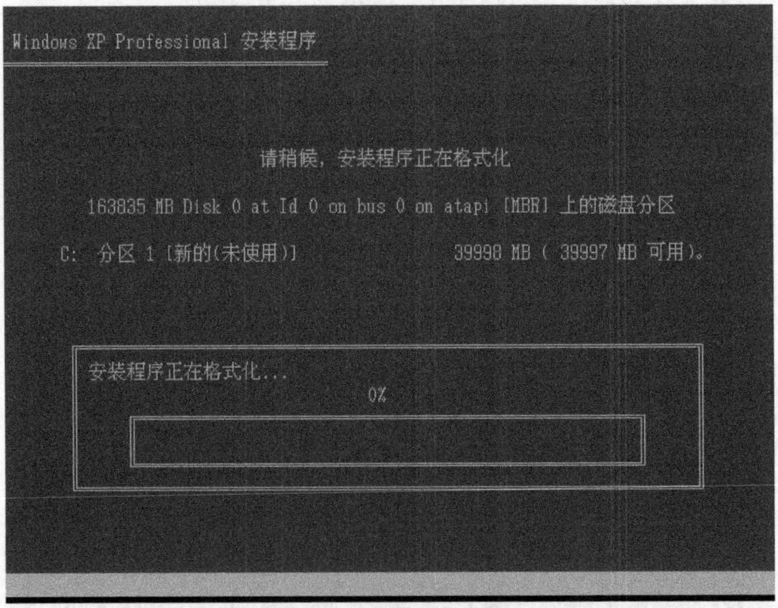

图6-5 格式化系统分区

3. 安装 Windows XP 操作系统

（1）安装程序复制系统文件，如图6-6所示。

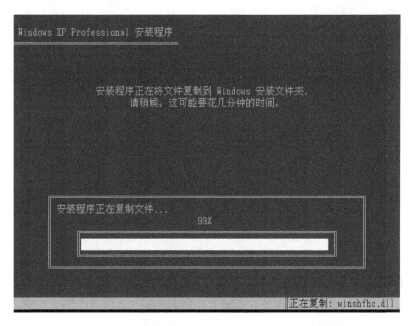

图 6-6　复制系统文件

（2）出现启动 Windows XP 的画面，如图 6-7 所示。

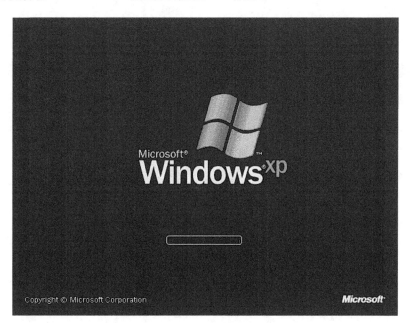

图 6-7　启动 Windows XP 系统画面

（3）设置区域和语言选项，如图 6-8 所示。
（4）输入个人信息，如图 6-9 所示。
（5）输入产品密钥，如图 6-10 所示。
（6）设置网络，如图 6-11 所示。

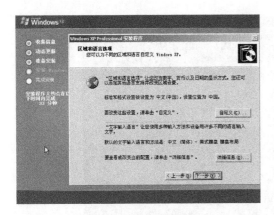

图 6-8　设置语言选项

图 6-9　个人信息设置

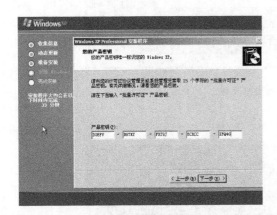

图 6-10　产品密钥的输入

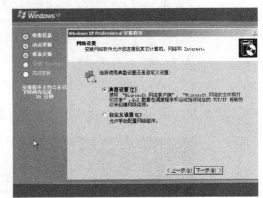

图 6-11　网络设置

（7）安装"开始"菜单项，如图 6-12 所示。

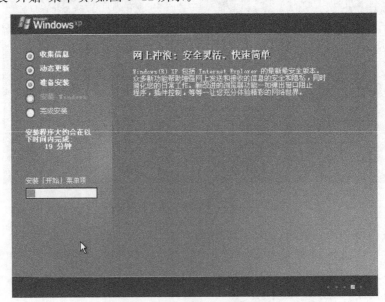

图 6-12　安装"开始"菜单

4. 设置 Windows XP 操作系统

（1）重新启动计算机后会出现设置计算机的界面，如图 6-13 所示。

图 6-13 开始设置计算机

（2）在打开的"正在检查您的 Internet 连接"界面中单击"跳过"按钮跳过网络连接设置，如图 6-14 所示。

（3）随后，Windows 将为每位用户创建一个单独的用户账户，这样可以个性化Windows组织和显示信息的方式，最后显示 Windows XP 桌面，如图 6-15 所示。

图 6-14 检查 Internet 连接

图 6-15 显示 Windows XP 桌面

6.1.2 全新安装 Windows 7 操作系统

Windows 7 系统是由微软公司（Microsoft）开发的操作系统，核心版本号为 Windows NT 6.1。Windows 7 可供家庭及商业工作环境、笔记本电脑、平板电脑、多媒体中心等使用。2009 年 7 月 14 日 Windows 7 RTM（Build 7600.16385）正式上线，2009 年 10 月 22 日微软于美国正式发布 Windows 7,2009 年 10 月 23 日微软于中国正式发布 Windows 7。Windows 7 主流支持服务过期时间为 2015 年 1 月 13 日,扩展支持服务过期时间为 2020 年 1 月 14 日。Windows 7 延续了 Windows Vista 的 Aero 1.0 风格,并且更胜一筹。

1. Windows 7 安装光盘的启动

启动电脑后,首先在 BIOS 中设置从光驱启动,然后将 Windows 7 操作系统安装光盘放入光驱中,重新启动电脑,使用安装光盘启动电脑,当出现"Press any key to boot from CD OR DVD..."提示信息时按任意键启动光盘安装程序,然后按照以下步骤全新安装 Windows 7 操作系统。

2. 启动安装程序与加载系统文件

(1) 启动安装程序后,开始加载安装文件,文件加载完毕,将自动进入下一界面,如图 6-16 所示。

(2) 选择要安装的语言、时间和货币格式、键盘和输入方法后,单击"下一步"按钮,如图 6-17 所示。

图 6-16　加载安装文件

图 6-17　设置语言和其他首选项

(3) 单击"现在安装"按钮,如图 6-18 所示。

(4) 启动安装程序与复制临时安装文件,如图 6-19 所示。

(5) 阅读与接受许可条款,如图 6-20 所示。

图 6-18　开始安装

图 6-19　启动安装程序

（6）选择"自定义（高级）"选项，如图 6-21 所示。

（7）使用方向键选择分区 2，然后单击"格式化"按钮对该磁盘分区进行格式化，如图 6-22 所示。

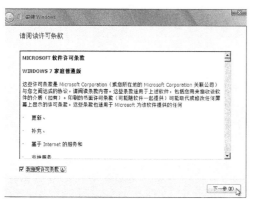

图 6-20　接受安装许可

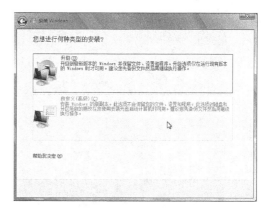

图 6-21　选择"自定义"安装

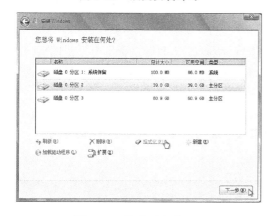

图 6-22　格式磁盘分区 2

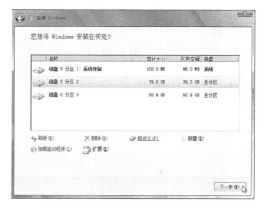

图 6-23　选择操作系统的安装位置

3. 安装 Windows 7 操作系统

（1）由于分区 1 为系统保留，Windows 7 操作系统将安装在分区 2，然后单击"下一步"按钮，如图 6-23 所示。

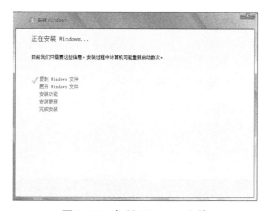

图 6-24　复制 Windows 文件

图 6-25　重启计算机

（2）安装程序自动开始复制 Windows 文件、安装功能及更新，如图 6-24 所示。

（3）提示重新启动电脑，如图 6-25 所示。

（4）安装程序进行性能检查，如图 6-26 所示。

图 6-26　安装程序检查视频性能

图 6-27　选择用户名与输入计算机名称

4. 初次配置 Windows 7 操作系统

安装程序完成安装后，将进入初次使用前的设置，按照以下步骤完成相关设置即可。

（1）在"键入用户名"文本框中输入一个用户名，在"键入计算机名称"文本框中输入计算机名，如图 6-27 所示。

（2）在"为账户设置密码"界面输入两次密码，输入一次密码提示问题，如图 6-28 所示。

（3）在"键入您的 Windows 产品密钥"界面输入正确的产品密钥，如图 6-29 所示。

图 6-28　输入密码及提示问题

图 6-29　输入 Windows 产品密钥

（4）选择合适的时区，设置正确的日期和时间，如图 6-30 所示。

（5）显示 Windows 7 操作系统的桌面，如图 6-31 所示。

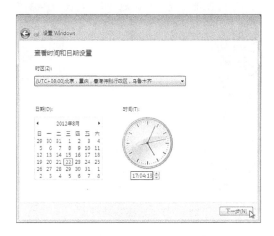

图 6-30　设置时区、日期和时间

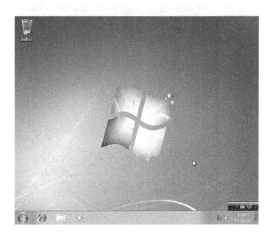

图 6-31　安装完成

6.1.3　全新安装 Windows 8 操作系统

Windows 8 是由微软公司开发的,采用与 Windows Phone 8 相同的 NT 内核。Windows 8 是具有革命性变化的操作系统。该系统旨在让人们的日常电脑操作更加简单和快捷,为人们提供高效易行的工作环境。Windows 8 支持来自 Intel、AMD 和 ARM 的芯片架构。Windows Phone 8 采用和 Windows 8 相同的 NT 内核并且内置诺基亚地图。该操作系统除了具备微软适用于笔记本电脑和台式机平台的传统窗口系统显示方式外,还特别强化适用于触控屏幕的平板电脑设计,使用了新的接口风格 Metro,新系统亦加入可通过官方网上商店 Windows Store 购买软件等诸多新特性。

1. 将 Windows 8 系统光盘放入电脑光驱,然后重启系统按"Delete"键进入 BIOS,设置第一启动项为光盘启动,然后按 F10 保存重启,点击"现在安装",如图 6-32 所示。

2. 正在启动安装程序,请耐心等待,如图 6-33 所示。

3. 许可条款界面在"我接受许可协议"前面的方框打勾,然后点击下一步,如图 6-34 所示。

4. 选择自定义安装,如图 6-35 所示。

5. 选择要安装系统的分区,然后点下一步继续安装,如图 6-36 所示。

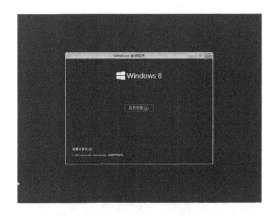

图 6-32　开始安装 Windows 8 系统

图 6-33　启动安装程序

图 6-34　接受许可协议

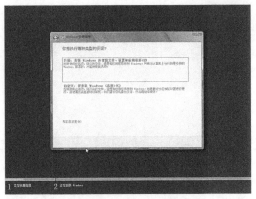

图 6-35　选择安装类型

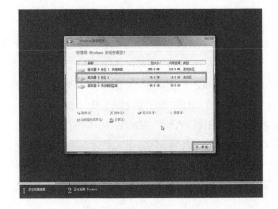

图 6-36　选择安装系统的分区

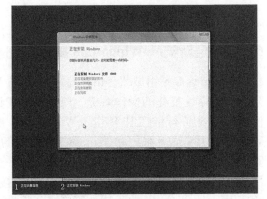

图 6-37　复制系统文件、安装功能及更新

6. 系统开始安装,这一步需要比较长的时间,请耐心等待,如图 6-37 所示。

7. 安装完成后电脑会自动重启,然后进入图 6-38 的界面开始安装设备。

8. 开始个性化设置(主要包含计算机名与系统颜色设置),移动图 6-39 红框中的三角号可以选择你喜欢的颜色,如图 6-39 所示。

9. 输入电脑名,如图 6-40 所示。

10. 其他常规设置选择"使用快速设置"即可,如图 6-41 所示。

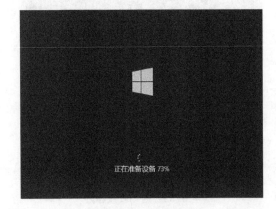

图 6-38　安装设备

图 6-39　个性化设置

图 6-40　设置电脑名称

图 6-41　快速设置

图 6-42　输入常用的电子邮箱

图 6-43　设置计算机账户和密码

11.　输入常用的电子邮箱，以后会用到的，如图 6-42 所示。

12.　输入登录账号与密码，如图 6-43 所示。

13.　设置完成后会有两步小教程，如图 6-44 所示。

14.　进入系统的第一个界面就是经典的 Windows 8"开始"菜单界面，如图 6-45 所示。

15.　Windows 8 系统的激活：右击桌面计算机图标然后选择属性，会发现界面下方有提示系统尚未激活，输入 Windows 8 系统正版激活码，激活 Windows 8 系统，如图 6-46 所示。

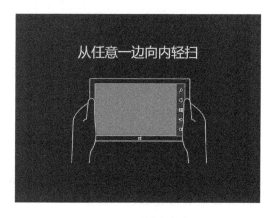

图 6-44　设置小教程

图 6-45　经典的 Windows 8"开始"菜单界面

图 6-46　Windows 8 系统正版激活

6.2　安装与更新硬件设备的驱动程序

刚安装好的操作系统,很多硬件设备的驱动程序安装得不完整,或者是根本就没有安装。驱动程序就是指硬件厂商根据操作系统编写的配置文件,可以说如果没有驱动程序,计算机中的硬件就无法正常工作。操作系统版本的不同,硬件的驱动程序也不同。驱动程序是硬件的一部分,当安装新硬件时,驱动程序是一项不可或缺的重要元素。凡是安装一个原本不属于计算机中的硬件设备时,系统就会要求安装驱动程序,将新的硬件与计算机系统连接起来。

驱动程序一般可通过四种途径得到,一是购买的硬件附带有驱动程序;二是 Windows 系统自带有大量驱动程序;三是从 Internet 下载驱动程序;四是通过第三方的驱动软件自动安装驱动程序。最后一种途径往往能够得到最新的驱动程序。

安装完操作系统后,大部分的硬件如 CPU、内存、键盘、显示器等设备已经能够被识别和驱动,处于正常的工作状态;但对显卡、声卡、网卡等部件,操作系统只能利用它们的一部分功能,为了更好地发挥它们的功能,必须安装相应的驱动程序。

6.2.1　主板驱动程序的安装

1. Intel 主板驱动程序简介

主板驱动程序一般都以光盘形式附带在主板包装盒中,该光盘中通常包含主板驱动程序和其他一些工具软件,我们可以使用附带驱动程序光盘安装主板驱动程序。以目前使用最广泛的 Intel 芯片组为例来说明主板驱动的安装,Intel 的芯片组以优秀的稳定性和兼容性著称,加上配合自家的 CPU,性能一流。Intel 的主板驱动程序叫做"Intel Chipset Software Installation Utility",支持 Windows /XP/7/8 等系统。

2. 安装主板驱动程序

首先打开主板驱动光盘,双击安装文件 Setup. exe 即可运行。在出现的欢迎对话框中,点击"下一步"按钮,在安装完成后需要重启计算机,如图 6-47 所示。

图 6-47　安装 Intel 芯片组驱动

　　重新启动计算机后,右键点击"我的电脑",选择"属性"命令,打开"系统特性"对话框。点击"硬件"选项卡,然后点击"设备管理器"按钮,以打开相应对话框。在设备管理器中可以检查驱动程序安装成功与否,点击"IDE ATA/ATAPI 控制器"选项,可以看到"Intel(R) 82801DB……"选项,即表示主板驱动安装成功。其实,各种芯片组驱动程序的安装都是大同小异的,比如 AMD 芯片组的安装过程也是标准的 Windows 程序安装方式,只是主板驱动程序安装后必须重启计算机,驱动才能生效,如图 6-48 所示。

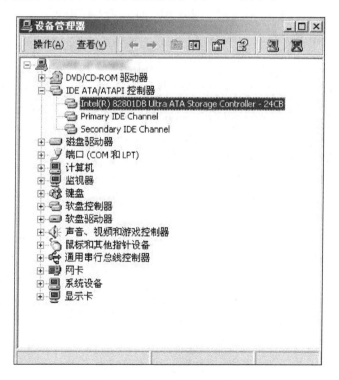

图 6-48　芯片组驱动安装完成

6.2.2 安装 Realtek HD Audio 声卡驱动程序

首先从网上下载最新的 Realtek HD Audio 声卡驱动程序,然后运行可执行文件 WDM_R270.exe,启动 Realtek HD Audio 声卡驱动程序安装向导。

1. 启动声卡驱动程序安装向导,如图 6-49 所示。

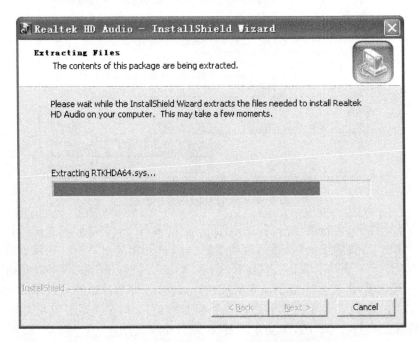

图 6-49　安装 Realtek HD Audio 声卡驱动程序

2. 显示驱动程序安装界面,如图 6-50 所示。

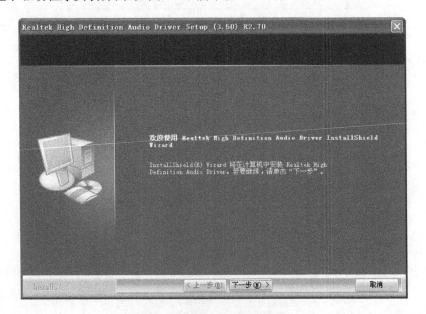

图 6-50　安装声卡驱动界面

3. 驱动程序安装完成,重启电脑,如图 6-51 所示。

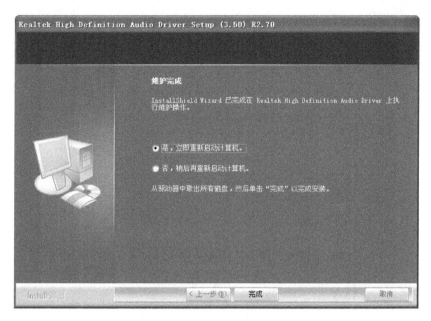

图 6-51　声卡安装成功并重启

6.2.3　更新 Realtek PCIe GBE Family Controller 网卡驱动程序

1. 双击网卡,打开网络适配器对话框,如图 6-52 所示。

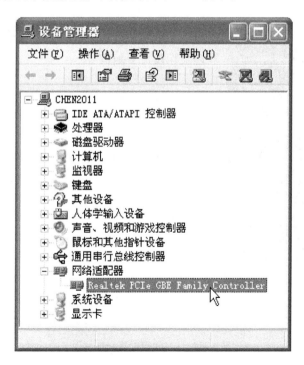

图 6-52　网络适配器界面

2. 在"网卡属性"对话框中切换到"驱动程序"选项卡,然后单击"更新驱动程序"按钮,如图 6-53 所示。

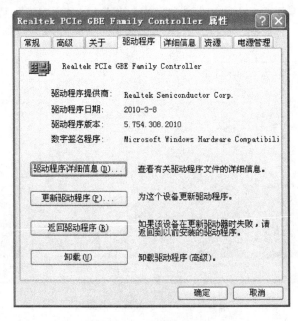

图 6-53　更新网卡驱动

3. 在"硬件更新向导"对话框中选择"自动安装软件(推荐)"单选按钮,然后单击"下一步"按钮,如图 6-54 所示。

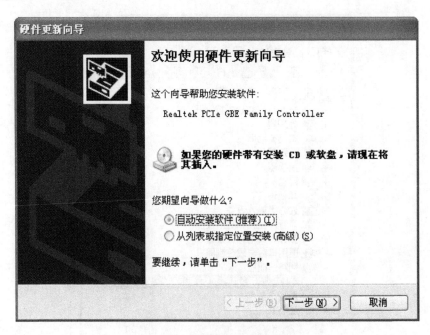

图 6-54　启动"硬件更新向导"

4. 在列表框中选择需要更新驱动程序的网卡，然后单击"下一步"按钮，如图 6-55 所示。

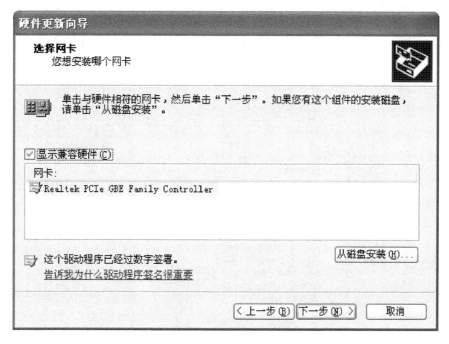

图 6-55　从"硬件"列表中选择网卡

5. 网卡驱动程序更新完成后，单击"完成"按钮，完成网卡驱动程序的更新，如图 6-56 所示。

图 6-56　网卡驱动程序更新完成

6.2.4　利用驱动精灵软件下载并安装 AMD 显卡驱动程序

我们以 AMD Radeon HD 4350 显卡驱动安装为例，通过驱动精灵软件检测、下载及安装该显卡芯片驱动。

1. 首先打开计算机的设备管理器，发现该计算机的显卡驱动未安装，如图 6-57 所示。

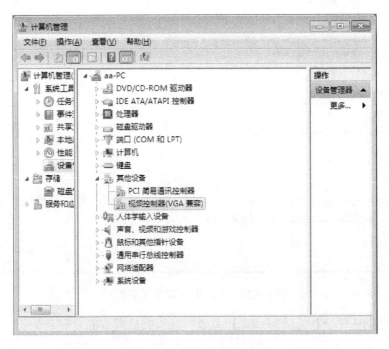

图 6-57　显卡驱动未安装

2. 利用驱动精灵检测并下载 AMD 驱动程序，如图 6-58 所示。

图 6-58　驱动精灵下载网卡驱动程序

3. 驱动精灵驱动下载完成，出现安装界面，选择"安装"，如图 6-59 所示。

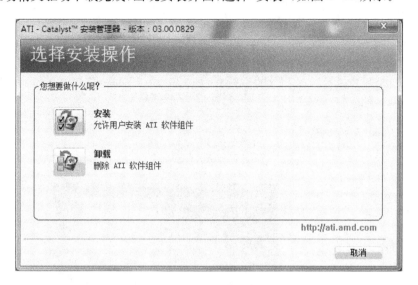

图 6-59 安装显卡

4. 接受协议，如图 6-60 所示。

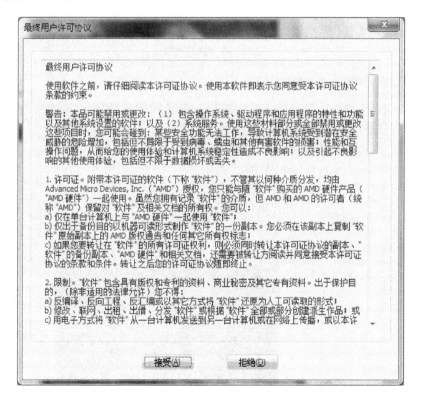

图 6-60 接受安装协议

5. 推荐使用"快速"安装,如图 6-61 所示。

图 6-61 快速安装

6. 安装完成,如图 6-62 所示。

图 6-62 显卡驱动安装完成

7. 安装完成,设备管理器中的显卡已经正确安装,如图 6-63 所示。

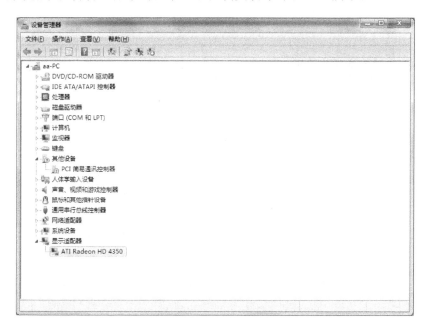

图 6-63 设备管理器中显示显卡已经安装

6.3 应用软件的安装

要想让计算机正常工作,除了控制计算机系统的系统软件外,为了完成某个特定功能,还需要安装应用软件。应用软件往往渗透各行各业,例如:银行使用的银行软件、超市使用的结算系统、交通的收费系统、学校使用的图书管理系统、电子商务平台等都属于应用软件的范畴。

6.3.1 安装 WinRAR

如果待安装的应用软件需要先进行解压缩,还必须先安装好 WinRAR,WinRAR 是一款高效的压缩与解压缩软件。

1. 启动 WinRAR 的安装程序,如图 6-64 所示。

图 6-64 安装程序

2. 浏览许可协议和设置安装文件夹，如图 6-65 所示。

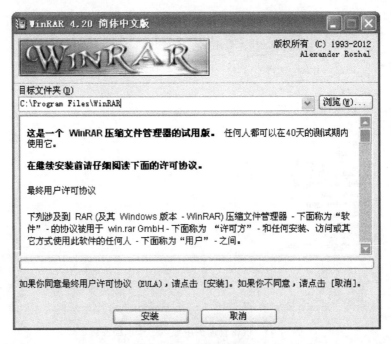

图 6-65　设置安装路径

3. 进行关联文件和其他选项设置，如图 6-66 所示。

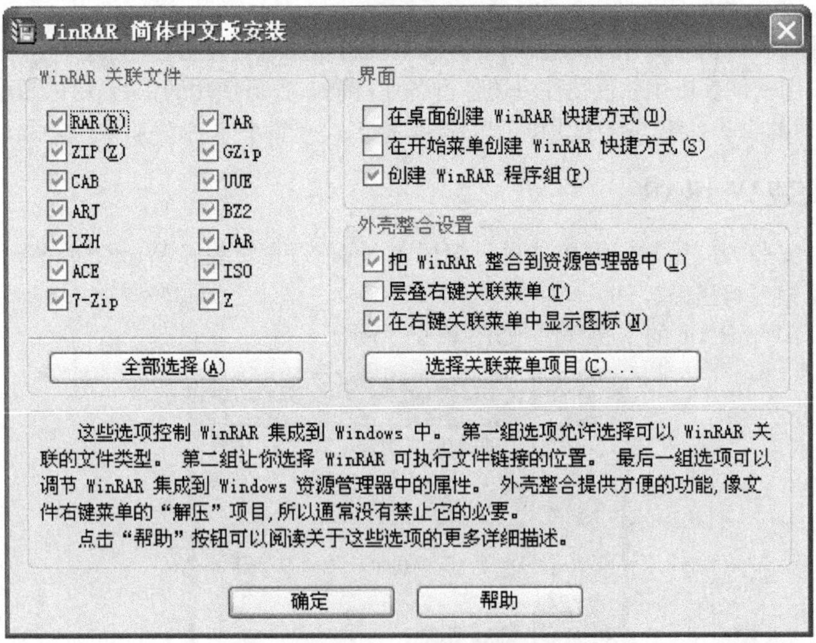

图 6-66　选项设置

4. 安装完成,如图 6-67 所示。

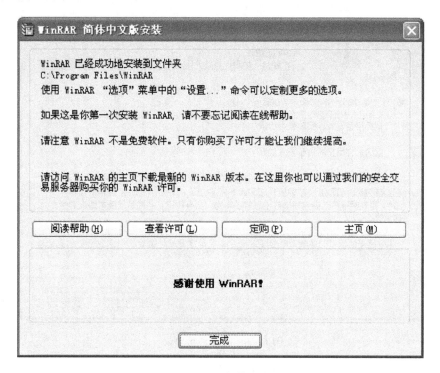

图 6-67　安装完成

6.3.2　安装中文输入法

1. 这里以搜狗拼音输入法为例介绍中文输入法的安装过程,启动"搜狗拼音输入法"的安装程序,如图 6-68 所示。

图 6-68　启动安装程序

2. 阅读"许可证协议",如图 6-69 所示。

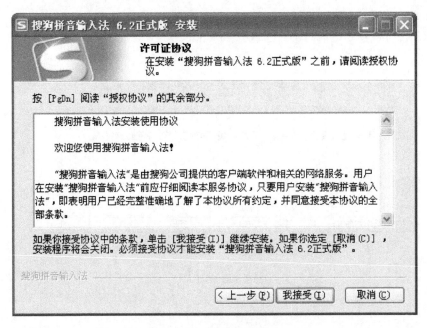

图 6-69　接受许可协议

3. "搜狗输入法"的安装进程,如图 6-70 所示。

图 6-70　安装进程

4. "搜狗输入法"安装完成,如图 6-71 所示。

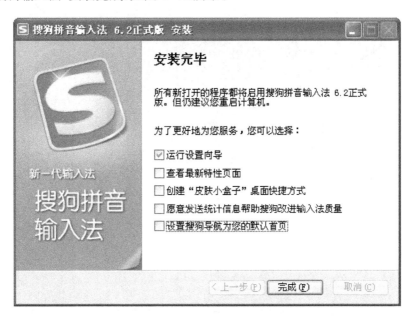

图 6-71　"搜狗输入法"安装完成

6.3.3　安装杀毒软件

瑞星杀毒软件(Rising Antivirus,RAV)是目前国内外同类产品中最具实用价值和安全保障的杀毒软件产品,下面以安装瑞星杀毒软件 2016 为例。

1. 从瑞星杀毒官网下载瑞星杀毒软件 2016,并安装,如图 6-72 所示。

图 6-72　开始安装杀毒软件

2. 开始安装杀毒程序,如图 6-73 所示。

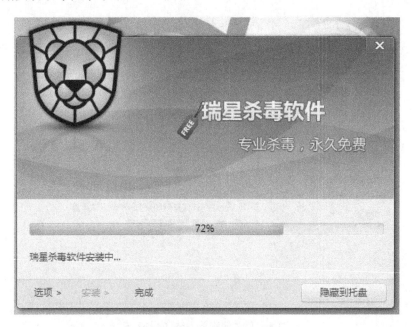

图 6-73 安装进程

3. 杀毒程序安装完成,如图 6-74 所示。

图 6-74 安装完成

4. 瑞星杀毒软件 2016 运行界面,如图 6-75 所示。

图 6-75　杀毒软件运行界面

6.3.4　安装 Microsoft Office 2007

Microsoft Office 2007 是一款常用的办公软件,是一套由微软公司开发的,专门为 Microsoft 和 Apple Macintosh 操作系统而开发。与办公室应用程序一样,它包括联合的服务器和基于互联网的服务,下面将介绍其安装方法。

1. 安装过程需要输入产品密钥,如图 6-76 所示。

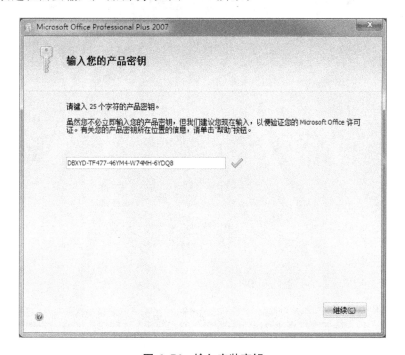

图 6-76　输入安装密钥

2. 阅读并接受许可协议,如图 6-77 所示。

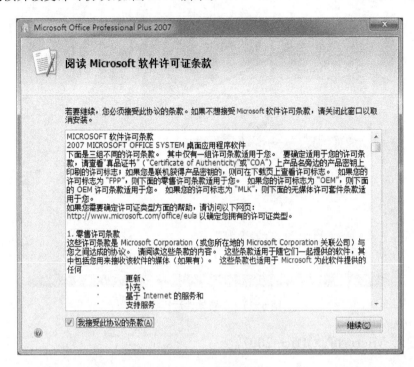

图 6-77　接受许可协议

3. 选择安装类型和设置安装位置,如图 6-78 所示。

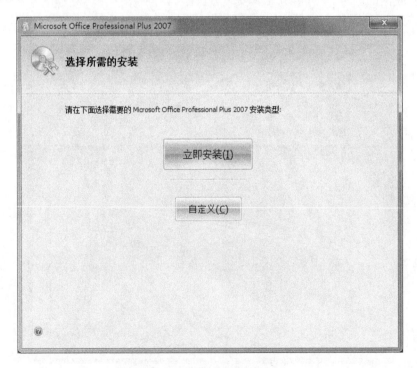

图 6-78　选择安装类型

4. 安装完成,如图 6-79 所示。

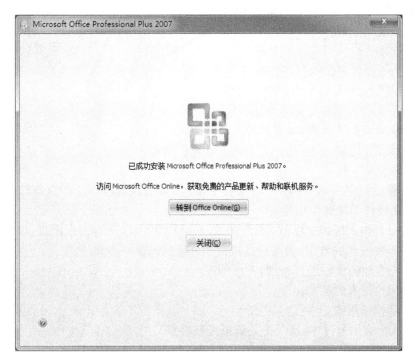

图 6-79 安装完成

习 题

一、填空题

1. 操作系统为用户提供三种类型的使用接口,它们是_____和_____和图形用户界面。

2. 计算机操作系统是方便用户管理和控制计算机_____的系统软件。

3. 操作系统目前有五大类型:批处理操作系统、_____、实时操作系统、_____和分布式操作系统。

4. 驱动程序的安装顺序一般是_____、_____、_____、_____和_____。

5. 操作系统为用户提供两种类型的使用接口,它们是_____接口和_____接口。

二、选择题

1. 在计算机系统软件中,操作系统是_____。

A. 一般应用软件 B. 核心系统软件 C. 用户应用软件 D. 系统支撑软件

2. 关于操作系统的叙述_____是不正确的。

A. 管理资源的程序 B. 管理用户程序执行的程序

C. 能使系统资源提高效率的程序 D. 能方便用户编程的程序

3. 操作系统的发展过程是_____。

A. 设备驱动程序组成的原始操作系统、管理程序、操作系统

B. 原始操作系统、操作系统、管理程序

C. 管理程序、原始操作系统、操作系统

D. 管理程序、操作系统、原始操作系统

4. 操作系统是一种_____。

A. 应用软件　　　　B. 系统软件　　　　C. 通用软件　　　　D. 工具软件

5. 下面关于操作系统的叙述正确的是_____。

A. 批处理作业必须具有作业控制信息

B. 分时系统不一定都具有人机交互功能

C. 从响应时间的角度看,实时系统与分时系统差不多

D. 由于采用了分时技术,用户可以独占计算机的资源

6. 操作系统是一组_____。

A. 文件管理程序　　B. 中断处理程序　　C. 资源管理程序　　D. 设备管理程序

7. 计算机操作系统的作用是_____。

A. 管理计算机系统的全部软、硬件资源,合理组织计算机的工作流程,以达到充分发
挥计算机资源的效率,为用户提供使用计算机的友好界面

B. 对用户存储的文件进行管理,方便用户

C. 执行用户键入的各类命令

D. 为汉字操作系统提供运行的基础

8. 以下几个常用软件中,哪一个是解压缩软件?

A. Microsoft Office 2013　　　　　　　　B. Photoshop CS5

C. Winrar 3.0　　　　　　　　　　　　　D. WPS 2013

9. 以下操作系统中,哪一个属于服务器操作系统?

A. Windows XP　　　　　　　　　　　　B. Windows 7

C. Windows 2008　server　　　　　　　　D. Windows 10

10. 以下的软件当中,哪一个不是杀毒软件?

A. 卡巴斯基 2015　　B. Eset Nod32　　C. 百度杀毒　　　　D. Adobe Reader

三、简答题

1. 计算机常用软件的安装主要包括哪几种?

2. 操作系统的安装主要有哪几种方法?

3. 驱动程序的安装有哪些方法?

4. 操作系统的主要功能是什么?

5. 如何安装 Windows XP 和 Windows 8.1 双操作系统?

7

计算机病毒及处理

7.1 认识计算机病毒

"计算机病毒"一词最早由美国计算机病毒研究专家 F. Cohen 博士提出。通过分析、研究计算机病毒,发现它在很多方面与生物病毒有相似之处。计算机病毒对软件的维护、数据的修改和计算机系统运行的安全会造成极大的威胁。

7.1.1 计算机病毒的概念

计算机病毒(Computer Virus)是指能够通过自身复制传染,起破坏作用的计算机程序,它通过非授权入侵并隐藏在可执行程序或数据文件中,在特定的条件下开始运行并对计算机系统进行破坏。

一般来说,计算机病毒分为"良性病毒"和"恶性病毒"两大类。"良性病毒"指不对计算机数据进行破坏,但会造成计算机程序工作异常的病毒;"恶性病毒"指一般没有直观表现,但会对计算机数据进行破坏,造成整个计算机系统瘫痪或硬件损坏的病毒。

7.1.2 计算机病毒的特点

1. 传染性

传染性是计算机病毒的最基本特性,计算机病毒只有通过传染性这个特性,才能完成对其他程序或其他计算机的感染。病毒的传染渠道很多,一般可通过网络下载、电子邮件、移动存储设备等方式传染。

2. 流行性

计算机病毒出现后,会影响到一定地域或领域内的计算机,会影响一定时间段,随着针对病毒的杀毒软件的产生而逐渐消散。

3. 繁殖性

计算机病毒进入某系统后,会利用系统的自身环境来进行自我繁殖,使自身数量增多。计算机病毒程序的繁殖性也是其基本特性,通过这一特性,病毒能够将自身的程序复制给其他程序,或者放入指定的位置,如引导扇区、注册表等。并且在目前的一些高级病毒程序中,在病毒繁殖的过程中还能够产生自我变异,病毒每繁殖一次,就使程序本身更复杂一些,使得杀毒软件很难对这种病毒进行彻底的查杀。

4. 表现性

表现性是指计算机病毒进入系统后,在一定的触发条件下,计算机自身出现的一些外在表现，如屏幕显示异常、系统资源耗费大、文件被无故删除、系统崩溃等现象。

5. 针对性

某一种计算机病毒并不能感染所有的计算机系统和计算机程序，黑客在编写病毒程序的时候一般都是针对计算机系统漏洞来编写的，所以就导致病毒对于操作系统或应用软件具有针对性。

6. 欺骗性

计算机病毒在编写的时候，一般会伪装成正常的应用程序或文件，使用户很难分辨出是不是病毒。比如某些木马病毒，会将正常的.exe的应用程序修改名字，再将自己的文件名修改成这个应用程序名。

7. 危害性

病毒的危害性不仅仅在于破坏系统的正常运行，就目前来看，计算机病毒的最大危害在于用户信息的丢失，如网银信息、游戏账号、身份信息等。

8. 潜伏性

计算机病毒在传染到新的计算机后，并不会立刻影响计算机的运行，只有在特定的触发条件下，计算机病毒才能够对计算机产生影响，如病毒文件的打开运行、某特定服务的使用等。

9. 隐蔽性

计算机病毒通常是一小段程序，附加在正常程序之后，存储在计算机比较隐蔽的位置。一般情况下很难发现这些程序。

10. 触发性

计算机病毒在传染和攻击时都需要一个触发条件，这个条件是病毒设计者决定的，它可以是系统内部时钟、特定的操作、特定文件的使用等。病毒运行时，触发机制检查预定义的条件是否满足，如果满足，启动病毒的破坏程序，对计算机进行破坏或窃取信息；如果不满足，则继续潜伏。

11. 攻击的主动性

计算机病毒在入侵系统后，只要满足其触发条件，病毒就开始主动对计算机信息破坏。

7.1.3　计算机感染病毒后的主要症状

从目前的情况看计算机中毒后主要有以下特点，但以下问题也有可能是人为误操作而导致的系统损坏或系统的不稳定。

1. 在没有对计算机进行操作时，硬盘不停地读写（指示灯不停地闪烁）。

2. 磁盘可利用的空间变小，访问时间比平时增长并出现许多不明文件，卷标名发生变化。

3. 由于病毒程序附加在可执行程序的头尾或中间，使可执行文件变大。

4. 由于病毒程序把自己或操作系统的一部分坏簇隐藏起来，磁盘坏簇莫名其妙地增多。

5. 系统不能启动。

6. 系统出现异常,如:突然死机,又在无任何外界介入下自行启动。

7. 丢失数据或程序,文件字节数发生变化。

8. 打印出现问题,使打印不能正常进行。

9. 运行速度变慢,经常出现"死机"现象。

10. 收到来历不明的邮件或邮件附件。

11. 在系统内装有汉字库,但在正常的情况下不能调用汉字库或不能打印汉字。

12. 异常要求用户输入口令。

13. 屏幕出现异常现象,如提示计算机将关闭。

14. 生成不可见的表格文件或特定文件。

15. 其他异常现象,如无故不能上网等。

16. 个人账户丢失,如网银、网游等。

7.1.4 计算机病毒的危害

随着计算机网络的普及,计算机病毒在不断进行着变化,其攻击破坏行为也产生着千奇百怪的变化,根据现有的病毒资料,计算机病毒的破坏目标和攻击内容有如下几个方面。

1. 攻击系统数据区

计算机系统数据区主要包括:硬盘分区表、硬盘的引导扇区、文件分配表、文件目录等。对于这个部分区域进行攻击的病毒一般属于恶性病毒,受攻击后计算机的数据信息很难进行恢复。

2. 攻击文件

计算机病毒对于文件的攻击方式有很多,常见的攻击方式有删除、改名、替换、丢失部分程序代码、内容颠倒、假冒文件、丢失文件簇、丢失数据文件等。

3. 攻击内存

内存是计算机的重要资源,支持着计算机的高速运行,也是病毒的主要攻击目标。病毒额外地占用和消耗系统的内存资源,导致一些正常程序无法获取资源而无法运行。病毒攻击内存的主要方式有占用内存、修改内存容量、禁止系统分配内存,从而使计算机运行时报告内存不足错误。

4. 干扰系统运行

病毒也经常会干扰系统的正常运行,此类行为有很多种,如:系统不能执行命令、干扰系统内部正常命令的执行、虚假警报、打不开文件、内部堆栈溢出、不停重启等。

5. 速度下降

病毒激活后,其内部的时间延迟程序启动。在时钟入了时间的循环计数,迫使计算机运算资源空转,使计算机运行速度下降。

6. 攻击磁盘

有些病毒会攻击磁盘,如:攻击磁盘存储数据、攻击磁盘读写操作等。

7. 扰乱屏幕显示

扰乱屏幕显示的病毒属于良性病毒,这类病毒对于计算机系统和数据不进行破坏,仅以恶作剧的形式,使得计算机显示系统出现一些故障。

8. 键盘

病毒干扰键盘操作,包括响铃、封锁键盘、换字、抹掉缓存区字符、重复、输入紊乱等。

9. 喇叭

病毒干扰声卡系统的正常运行,让声卡系统发出一些特殊的声音。

10. 攻击 CMOS

计算机 CMOS 芯片中保存着重要的系统运行参数,有些病毒激活时,能够对 CMOS 进行写操作,修改 CMOS 中存储的系统参数,从而导致系统重启或崩溃。

11. 破坏网络系统

病毒对网络的破坏主要体现在占用网络带宽。一些病毒激活后,就会以中毒的计算机为原点,不断地往局域网、广域网中发送垃圾数据包、垃圾邮件,从而导致网络拥堵。

12. 破坏系统 BIOS 和显卡 BIOS

有些病毒还能破坏 BIOS 这类 ROM 芯片中的数据,因为现阶段我们的 BIOS 芯片基本都是 EEPROM,这类芯片可以通过特定的程序进行写操作,病毒就利用这一特点,来修改 BIOS 芯片中的数据,一般这种病毒激活后,系统就会崩溃。

13. 干扰打印机

有些病毒专门针对打印机,比如攻击打印机的字库让打印机打印出乱码等。

7.1.5 计算机病毒的主要传播途径

1. 移动存储设备传播

目前使用的移动存储设备主要有 U 盘、移动硬盘、光盘。当我们从其他的计算机中复制文件到移动设备上,再将文件拿到自己的计算机中使用,这时候就有可能造成计算机病毒的传播。

2. 网络传播

随着计算机网络的发展,网络中信息的传播数量在飞速的增加。计算机病毒通过附着在正常的文件中,当病毒发作时,自身会寻找网络进行点对点通信系统和无线网络通道进行传播,而且这种传播很难预防,特别是新出现的网络病毒,计算机的防火墙、杀毒软件还未对其产生查杀时,此时的危害更大。

3. 下载传播

据官方调查报告显示,网络中文件的下载已经是近一半的网络行为。下载文档、音乐、视频、游戏软件已经是我们现在网络生活不可或缺的行为,但是现在互联网上鱼目混珠的现象太多,很多下载的资源中都会夹带木马、后门、蠕虫、病毒或插件,进而危害网民。

7.1.6 计算机病毒的检测

计算机病毒的检测可以分为以下两种。

1. 人工检测

人工检测主要通过观察计算机自身的异常现象来判断计算机是否感染病毒,感染了哪类病毒。一般这种方法能判断出会造成计算机表现的病毒,而一些没有表现的病毒就很难发现。

2. 杀毒软件检测

利用杀毒软件进行病毒扫描,是我们目前常用的计算机病毒检测方法。开启计算机杀毒软件的实时监控,随时检测系统的运行情况,可以有效地预防病毒、保护计算机的安全。

7.1.7 计算机病毒的预防措施

对于计算机病毒必须以预防为主,在使用的时候也要养成良好的使用习惯,才能阻断或减少计算机中毒的情况。通常预防病毒我们要注意以下几点:

1. 将 Internet 浏览器的安全级别设置为"高";
2. 不要随便使用外来的移动存储设备,应做到先检查,后使用;
3. 不要在系统引导盘上存放数据;
4. 上网的用户不要随意打开外来的软件和来历不明的邮件;
5. 不使用盗版或者来历不明的软件,特别不使用盗版杀毒软件;
6. 安装杀毒软件,开启病毒监控,及时升级,并定期对计算机进行病毒检查;
7. 对重要数据进行定期备份保存,对所有系统盘和文件写保护;
8. 对重要软件要做备份,当系统"瘫痪"时可最大限度地恢复系统;
9. 不要安装各种游戏软件;
10. 一旦计算机受到病毒的攻击,应采取隔离措施;
11. 即时更新 Windows 补丁,防止系统漏洞;
12. 随时注意计算机的各种异常现象。

7.1.8 拓展知识

远离计算机病毒的八大注意事项:

1. 建立良好的安全习惯

例如,对一些来历不明的邮件及附件不要打开,不要打开不了解的网站,不要执行从 Internet 下载后未经杀毒处理的软件等,这些必要的习惯会使计算机更安全。

2. 关闭或删除系统中不需要的服务

默认情况下,许多操作系统安装一些辅助服务,如 ftp 客户端、Telnet 和 Web 服务器,这些服务为攻击者提供方便,而又对用户没有太大用处,如果删除它们,就能大大减少攻击的可能性。

3. 经常升级安全补丁

据统计,有 80% 的网络病毒是通过系统安全漏洞进行传播的,像蠕虫王、冲击波、震荡波等,所以我们应该定期到微软网站去下载最新的安全补丁,以防患未然。

4. 使用复杂的密码

有许多网络病毒就是通过猜测简单密码的方式攻击系统的,因此使用复杂的密码,将会大大提高计算机的安全系数。

5. 迅速隔离受感染的计算机

当发现计算机病毒或异常时应立刻断网,以防止计算机受到更多的感染,或者成为传播源,再次感染其他计算机。

6. 了解一些病毒知识

多了解一些病毒知识,可以及时发现新病毒并采取相应措施,在关键时刻使自己的计算机免受病毒破坏。如果能了解一些注册表知识,就可以定期看一看注册表的自启动项是否有可疑键值;如果了解一些内存知识,就可以经常看看内存中是否有可疑程序。

7. 安装专业的杀毒软件进行全面监控

在病毒日益增多的今天,使用杀毒软件进行防毒,是越来越经济的选择,不过用户在安装了反病毒软件之后,应该经常进行升级,将一些主要监控经常打开(如邮件监控),内存监控等,遇到问题要上报,这样才能真正保障计算机的安全。

8. 用户还应该安装个人防火墙软件进行防黑

由于网络的发展,用户电脑面临的黑客攻击问题也越来越严重,许多网络病毒都采用了黑客的方法来攻击用户电脑,因此,用户还应该安装个人防火墙软件,将安全级别设为中、高,这样才能有效地防止网络上的黑客攻击。

7.2 常见的计算机病毒

自从第一个计算机病毒爆发,病毒的种类越来越多,破坏力也越来越强。从第一例简单的代码病毒,到轰动一时的“熊猫烧香”,无一不给人们的计算机应用敲响了警钟。很多计算机病毒的制作者写出病毒的初衷仅仅是为了好玩,或者是想证明一下自己,但是这些病毒流传开来之后,带给人们的损失却是数以亿计,表现出来大的症状也千差万别。

7.2.1 CIH 病毒(如图 7-1 所示)

CIH(英语又称为 Chernobyl 或 Spacefiller),其名称源自它的作者当时仍然是中国台湾大同工学院(现大同大学)学生的陈盈豪的名字拼音缩写。它被认为是最有害的广泛传播的病毒之一,会破坏用户系统上的全部信息,在某些情况下,会重写系统的 BIOS。因为 CIH 病毒的 1.2 和 1.3 版,发作日期为 4 月 26 日,正好是俄国核电厂灾害“切尔诺贝利核事故”的纪念日,故曾被认为病毒作者撰写动机和切尔诺贝利事件有关,因此 CIH 病毒也被称作切尔诺贝利(Chernobyl)病毒。

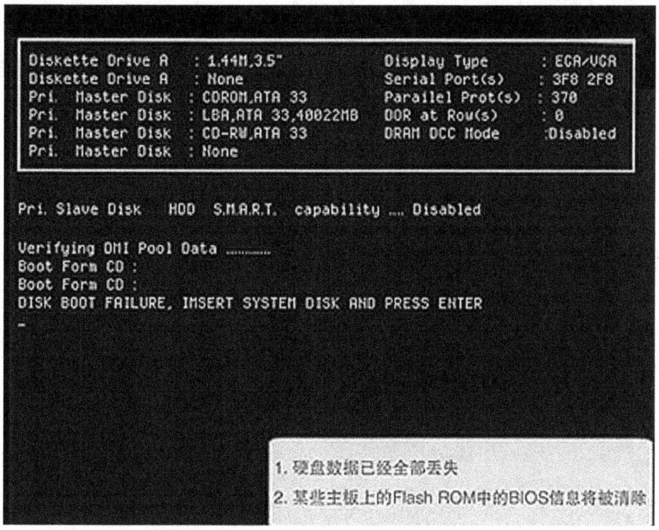

图 7-1　CIH 病毒

7.2.2　梅利莎(Melissa)病毒(如图 7-2 所示)

1999 年 3 月 27 日,一种隐蔽性、传播性极大的、名为 Melissa(又名"美丽杀手")的 Word 97、Word 2000 宏病毒出现在网上,并以几何级数的速度在因特网上飞速传播,仅在一天之内就感染了全球数百万台计算机,引发了一场前所未有的"病毒风暴"。

图 7-2　梅利莎(Melissa)病毒

7.2.3　爱虫(I love you)病毒(如图 7-3 所示)

2000 年 5 月 4 日,一种名为"我爱你"的电脑病毒开始在全球各地迅速传播。这个病毒是通过 Microsoft Outlook 电子邮件系统传播的,邮件的主题为"I love you",并包含一个附件。一旦在 Microsoft Outlook 里打开这个邮件,系统就会自动复制并向地址簿中的所有邮件电址发送这个病毒。"我爱你"病毒,又称"爱虫"病毒,是一种蠕虫病毒,它与 1999 年的梅丽莎病毒非常相似。据称,这个病毒可以改写本地及网络硬盘上面的某些文件。用户机器染毒以后,邮件系统将会变慢,并可能导致整个网络系统崩溃。

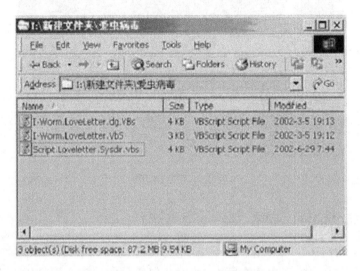

图 7-3 爱虫(I love you)病毒

7.2.4 红色代码(Code Red)病毒(如图 7-4 所示)

"红色代码"是一种计算机蠕虫病毒,能够通过网络服务器和互联网进行传播。2001 年 7 月 13 日,红色代码从网络服务器上传播开来。它是专门针对运行微软互联网信息服务软件的网络服务器来进行攻击。极具讽刺意味的是,在此之前的六月中旬,微软曾经发布了一个补丁,来修补这个漏洞。

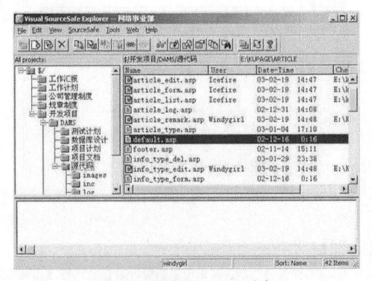

图 7-4 红色代码(Code Red)病毒

7.2.5　冲击波(**Blaster**)病毒(如图 7-5 所示)

冲击波蠕虫(Worm. Blaster 或 Lovesan,也有译为"疾风病毒")是一种散播于 Microsoft 操作系统、Windows XP 与 Windows 2000 的蠕虫病毒,爆发于 2003 年 8 月。该病毒第一次被注意并如燎原火般散布,是在 2003 年的 8 月 11 日。它不断繁殖并感染,在当年 8 月 13 日达到高峰,之后借助 ISP 与网络上散布的治疗方法阻止了此蠕虫的散布。在 2003 年 8 月 29 日,一个来自美国明尼苏达州的 18 岁年轻人 Jeffrey Lee Parson 由于创造了 Blaster. B 变种而被逮捕;他在 2005 年被判处十八个月的有期徒刑。

图 7-5　冲击波(**Blaster**)病毒

7.2.6　巨无霸(**Sobig**)病毒(如图 7-6 所示)

对企业和家庭计算机用户而言,2003 年 8 月可谓悲惨的一月。最具破坏力的巨无霸(Sobig)病毒变种 Sobig. F,于 8 月 19 日开始迅速传播,在最初的 24 小时之内,自身复制了

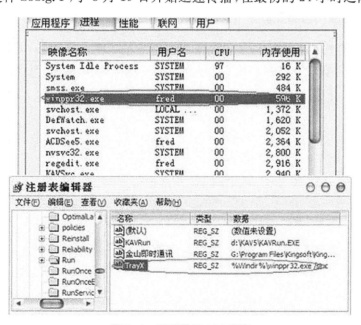

图 7-6　巨无霸(**Sobig**)病毒

100万次,创下了历史纪录。病毒伪装在文件名看似无害的邮件附件之中,被激活之后,这个蠕虫便向用户的本地文件类型中发现的电子邮件地址传播自身。最终结果是造成互联网流量激增。

7.2.7 My Doom 病毒(如图 7-7 所示)

美国时间 2004 年 1 月 26 日,一种新型电脑病毒正在企业电子邮件系统中传播,这就是 My Doom 病毒,当用户打开并运行附件内的病毒程序后,病毒就会以用户信箱内的电子邮件地址为目标,伪造邮件的源地址,向外发送大量带有病毒附件的电子邮件,同时在用户主机上留下可以上传并执行任意代码的后门,导致邮件数量暴增,从而阻塞网络。

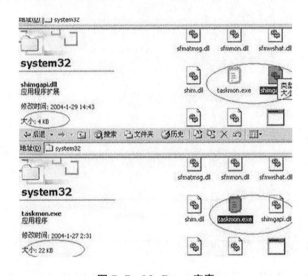

图 7-7　My Doom 病毒

7.2.8 震荡波(Sasser)病毒(如图 7-8 所示)

该病毒是利用微软公司在 2003 年 7 月 21 日公布的 RPC 漏洞进行传播的,只要是计算机上有 RPC 服务并且没有打安全补丁的计算机都存在有 RPC 漏洞,具体涉及的操作系统

图 7-8　震荡波(Sasser)病毒

是：Windows 2000、Windows XP、Server 2003。该病毒感染系统后，会使计算机产生下列现象：系统资源被大量占用，有时会弹出 RPC 服务终止的对话框，并且系统反复重启，不能收发邮件、不能正常复制文件、无法正常浏览网页，复制粘贴等操作受到严重影响，DNS 和 IIS 服务遭到非法拒绝等。

7.2.9　熊猫烧香（Nimaya）病毒（如图 7-9 所示）

"熊猫烧香"是一种经过多次变种的蠕虫病毒，它能感染系统中 exe、com、pif、src、html、asp 等文件，它还能中止大量的反病毒软件进程并且会删除扩展名为 gho 的文件，该文件是一系统备份工具 GHOST 的备份文件，使用户的系统备份文件丢失。被感染的用户系统中所有 .exe 可执行文件全部被改成熊猫举着三根香的模样。2006 年 10 月 16 日由 25 岁的中国湖北武汉新洲区人李俊编写，2007 年 1 月初肆虐网络，它主要通过下载的文件传播。2007 年 2 月 12 日，湖北省公安厅宣布，李俊及其同伙共 8 人已经落网，这是中国警方破获的首例计算机病毒大案。2014 年，"熊猫烧香"之父因涉案网络赌场，获刑5 年。

图 7-9　熊猫烧香（Nimaya）病毒

7.2.10　网游大盗病毒（如图 7-10 所示）

顾名思义，该病毒是一个盗号木马程序，专门盗取网络游戏玩家的游戏账号、游戏密码等信息资料。有很多变种，木马会通过安装消息钩子等方式来窃取网络游戏玩家的账号和密码等一些个人私密的游戏信息，并将窃取到的信息发送到恶意用户指定的远程服务器 Web 站点或指定邮箱中。最终导致网络游戏玩家无法正常运行游戏，蒙受不同程度的经济损失。

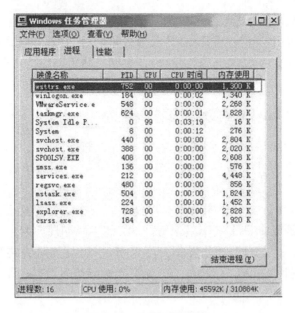

图 7-10　网游大盗病毒

7.2.11　拓展知识

危害性较大的其他几种常见病毒：

1. AV 终结者

AV 终结者破坏过程经过了严密的"策划"，首先摧毁用户电脑的安全防御体系，之后"AV 终结者"自动连接到指定的网站，大量下载各类木马病毒，盗号木马、广告木马、风险程序接踵而来，使用户的网银、网游、QQ 账号密码以及机密文件都处于极度危险之中。

2. 灰鸽子

灰鸽子（Huigezi）又叫灰鸽子远程控制软件，原本该软件适用于公司和家庭管理，但因早年软件设计缺陷，被黑客恶意使用，曾经被误认为是一款集多种控制方式于一体的木马程序。

3. 艾妮

艾妮（Worm.MyInfect.af），该病毒集熊猫烧香、维金两大病毒的特点于一身，是一个传播性与破坏性极强的蠕虫病毒，它会疯狂感染用户电脑中的.exe 文件，下载其他木马和病毒程序，病毒通过局域网传播可能导致内网大面积瘫痪。更为严重的是，利用微软动画光标（ANI）漏洞传播，使得包括在安全性上煞费苦心的 Vista 系统也无法幸免，用户只要浏览带有恶意代码的 Web 网页或电子邮件将立刻感染该病毒。

4. QQ 尾巴

QQ 尾巴是一种攻击 QQ 软件的木马程序，中毒之后，QQ 会不断地向好友发送垃圾消息或木马网址。

5. 魔兽木马

此程序为窃取游戏账号和密码的木马程序。病毒运行后会释放 DLL 文件到系统中，并且它可以监视用户是否在运行游戏,如果有,病毒就强行结束游戏进程,并让用户重新登录游戏,从而盗取用户账号和密码。

6. 征途木马

这是一个偷"征途"游戏密码的木马,病毒运行后将自身复制到系统目录下,同时在注册表中添加启动项目,实现随系统启动自动运行。该病毒会自动窃取"征途"游戏玩家的账号和密码,并发送给黑客,给用户带来损失。

7. 维金变种

该病毒为 Windows 平台下集成可执行文件感染、网络感染、下载网络木马或其他病毒的复合型病毒,病毒运行后将自身伪装成系统正常文件,以迷惑用户,通过修改注册表项使病毒开机时可以自动运行,同时病毒通过线程注入技术绕过防火墙的监视,连接到病毒作者指定的网站下载特定的木马或其他病毒,同时病毒运行后枚举内网的所有可用共享,并尝试通过弱口令方式连接感染目标计算机。

7.3　常用杀毒软件的使用

目前的电脑在使用的时候,一般都会安装杀毒软件来对计算机进行保护。网络中常用的杀毒软件有金山毒霸、360 杀毒、瑞星杀毒、卡巴斯基等。

7.3.1　金山毒霸

金山毒霸是由金山网络公司开发的一款较早的杀毒工具。金山网络(现猎豹移动公司)(Cheetah Mobile Inc.(NYSE:CMCM)),成立于 2010 年 10 月,由金山安全和可牛影像公司合并而成,继承了金山 15 年的安全技术积累和可牛影像的互联网基因,是全球最大的移动工具开发商、中国第二大互联网及移动互联网安全公司。致力于为全球用户提供快捷、简单、安全的互联网及移动上网体验。

1. 金山毒霸的下载与安装(如图 7-11 所示)

图 7-11　金山毒霸下载界面

登录猎豹移动公司的网站（http://cn.cmcm.com），在其热门分类里选择"金山毒霸"，下载目前最新的金山毒霸10，然后安装即可。其运行界面如图7-12所示。

图 7-12　金山毒霸运行界面

2. 金山毒霸 10 的特点

安装文件18 M大小，10秒安装，轻盈小巧，简洁易用；优化引擎，速度提升，极速清理，电脑更快；支持Win10，全面保护，专注杀毒，安全加倍。

3. 金山毒霸常用功能

查杀病毒：全面检测计算机各项问题，确保电脑安全；还提供云查杀，速度更快效果更好。

清理电脑：清理电脑垃圾，保护隐私安全；释放磁盘空间，提升电脑性能。

加速球：一键操作，轻松提速，释放内存空间，提升电脑速度。

软件管理：采用迅雷云加速技术，极速下载软件；无痕安装，剥离捆绑软件；快速卸载软件。

4. 金山毒霸的卸载

卸载金山毒霸可以通过其安装时自带的卸载工具，或者使用控制面板中的"添加或删除程序"进行卸载程序。

7.3.2　360 杀毒

360杀毒是中国用户量最大的杀毒软件之一，360杀毒是完全免费的杀毒软件，它创新性地整合了五大领先防杀引擎，包括国际知名的BitDefender病毒查杀引擎、小红伞病毒查杀引擎、360云查杀引擎、360主动防御引擎、360QVM人工智能引擎。五个引擎智能调度，提供全时全面的病毒防护，不但查杀能力出色，而且能第一时间防御新出现的病毒木马。360杀毒完全免费，无需激活码，轻巧快速不卡机，误杀率远远低于其他杀毒软件。360杀毒独有的技术体系对系统资源占用极少，对系统运行速度的影响微乎其微。

1. 360 杀毒的下载与安装

登录奇虎 360 网站(www.360.com),在其 360 安全软件分类中,找到"360 杀毒",下载与安装软件。

2. 360 杀毒的特点

全能一键扫描,只需要一键扫描,就能快速、全面地诊断系统安全状况和健康程度,并进行精准修复;超强广告拦截,强大的网页广告拦截、软件弹窗拦截。

3. 360 杀毒常用功能

查杀病毒:可选择全盘扫描,对计算机整体存储区域进行病毒扫描;或者选择快速扫描,只检测计算机关键位置。

弹窗拦截:可有效拦截网页广告弹窗,软件弹窗。

软件净化:卸载软件,阻止或卸载捆绑安装软件等。

网络加速、文件粉碎、垃圾清理等其他功能。

4. 360 杀毒的卸载

卸载 360 杀毒可以通过其安装时自带的卸载工具,或者使用控制面板中的"添加或删除程序"进行卸载程序。

7.3.3 瑞星杀毒

瑞星公司致力于帮助个人、企业和政府机构有效应对网络安全威胁,安全地获取各种信息。自 1991 年瑞星品牌诞生起,一直专注于信息安全领域。在不断的发展中,瑞星公司建立了国内规模最大、实力最强的研究团队,拥有数百名最优秀的反病毒专家和软件工程师,开发了瑞星品牌的全系列安全产品。从面向个人的安全软件,到适用超大型企业网络的企业级软件、防毒墙,瑞星公司提供信息安全的整体解决方案。2011 年 3 月 18 日,瑞星公司宣布其个人安全软件产品全面、永久免费。

1. 瑞星杀毒的下载与安装

登录瑞星公司的网站,在其主页上下载目前最新的瑞星杀毒软件 V16+,然后安装即可。

2. 瑞星杀毒的特点

瑞星杀毒具有很好的跨平台性能,利用不同的查杀引擎全方位地查杀病毒。特别是新加入的决策引擎和基因引擎,可以根据病毒的特点查杀未知木马病毒。决策引擎(简称 RDM)是瑞星第一款人工智能杀毒引擎,它依托海量恶意软件库,引入机器学习算法,使 V16+获得类似人脑的病毒识别能力。它能够摆脱传统杀毒引擎对病毒截获的依赖,能更加精准地找出病毒程序,快速有效查杀互联网上最新出现的未知病毒。基因引擎采用了瑞星自主研发的"软件基因"提取及比对技术,瑞星根据程序相似度对大量病毒程序进行了家族分类,对这些病毒家族提取"软件基因",生成基因引擎用于识别病毒的"病毒基因库"。整个运行过程无需人工介入,并具有及时、高效等特点。

3. 瑞星杀毒常用功能

智能杀毒:基于瑞星智能虚拟化引擎,对木马、后门、蠕虫等的查杀率提升至 99%。智能化操作,无需用户参与,一键杀毒。资源占用减少,同时确保对病毒的快速响应以及查杀率。

U盘防护:在插入U盘、移动硬盘、智能手机等移动设备时,将自动拦截并查杀木马、后门、病毒等,防止其通过移动设备入侵用户系统。

浏览器防护:主动为 IE、Firefox 等浏览器进行内核加固,实时阻止特种未知木马、后门、蠕虫等病毒利用漏洞入侵电脑。自动扫描电脑中的多款浏览器,防止恶意程序通过浏览器入侵用户系统,满足个性化需求。

办公软件防护:在使用 Office、WPS、PDF 等办公软件格式时,实时阻止特种未知木马、后门、蠕虫等利用漏洞入侵电脑。防止感染型病毒通过 Office、WPS 等办公软件入侵用户系统,有效保护用户文档数据安全。

4. 瑞星杀毒的卸载

卸载瑞星杀毒可以通过其安装时自带的卸载工具,或者使用控制面板中的"添加或删除程序"进行卸载程序。

7.3.4 卡巴斯基

卡巴斯基反病毒软件是世界上拥有最尖端科技的杀毒软件之一,总部设在俄罗斯首都莫斯科,全名"卡巴斯基实验室",是国际著名的信息安全领导厂商,创始人为俄罗斯人尤金·卡巴斯基。公司为个人用户、企业网络提供反病毒、防黑客和反垃圾邮件产品。经过十四年与计算机病毒的战斗,卡巴斯基获得了独特的知识和技术,使得卡巴斯基成为了病毒防卫的技术领导者和专家。该公司的旗舰产品——著名的卡巴斯基安全软件,主要针对家庭及个人用户,能够彻底保护用户计算机不受各类互联网威胁的侵害。

1. 卡巴斯基的下载与安装

正版卡巴斯基软件目前属于收费软件,用户如果需要使用,则需要每年支付一定的费用才能正常使用。卡巴斯基官网上也提供30天的免费试用版,我们可以下载下来使用。网络中也存在破解版的卡巴斯基,这些软件在使用的时候就需要注意了,因为软件破解后可能会得不到官方支持,软件不能更新病毒库,或者在破解的时候可能会被黑客挂马,导致用户产生损失。建议如果需要使用卡巴斯基的话,还是到其中文官网上进行付费下载与使用。

2. 卡巴斯基的特点

卡巴斯基安全软件2014原名为卡巴斯基安全部队。其结合了大量易用、严格的网页安全技术,可保护您免遭各类恶意软件和基于网络威胁的侵害,包括企图盗取资金和身份信息的网络罪犯。卡巴斯基实验室提供对计算机性能影响最小的无忧安全解决方案。但由于卡巴斯基还存在占用 CPU 资源较多,尤其是扫描和更新时对 CPU 的占用较大,对硬件要求过高;在查杀病毒时有时会将安全文件误解为病毒查杀等问题,我国政府已经将卡巴斯基排除在了反病毒软件提供商的名录之外。

3. 卡巴斯基常用功能

反恶意软件保护:实时防御计算机病毒和网络威胁。

网络保护：办理网上银行业务、进行网上购物或网上冲浪时保护数据和资金的安全。

身份保护：通过卡巴斯基虚拟键盘和安全键盘技术保护个人身份信息。

反钓鱼保护：阻止网络罪犯搜集个人信息。

高级家长控制：帮助孩子安全上网。

4. 卡巴斯基的卸载

卸载卡巴斯基可以通过其安装时自带的卸载工具，或者使用控制面板中的"添加或删除程序"进行卸载程序。

习　题

一、填空题

1. 一般来说，计算机病毒分为＿＿＿＿＿＿和＿＿＿＿＿＿两大类。

2. 计算机病毒的检测可以分为＿＿＿＿＿＿和＿＿＿＿＿＿两种。

3. CIH 病毒被认为是最有害的广泛传播的病毒之一，会破坏用户系统上的＿＿＿＿＿＿，在某些情况下，会重写系统的＿＿＿＿＿＿。

4. 震荡波病毒是利用微软公司在 2003 年 7 月 21 日公布的＿＿＿＿＿＿进行传播的。

5. 金山毒霸在查杀病毒时能够全面检测计算机各项问题，确保电脑安全；还提供＿＿＿＿＿＿，速度更快效果更好。

6. 360 杀毒是中国用户量最大的杀毒软件之一，360 杀毒是完全免费的杀毒软件，它创新性地整合了五大领先防杀引擎，包括国际知名的＿＿＿＿＿＿＿＿＿＿、＿＿＿＿＿＿＿＿＿＿、360 云查杀引擎、360 主动防御引擎、360QVM 人工智能引擎。

7. 瑞星杀毒软件具有很好的＿＿＿＿＿＿性能，利用不同的查杀引擎全方位地查杀病毒。特别是新加入的＿＿＿＿＿＿和＿＿＿＿＿＿，可以根据病毒的特点查杀未知木马病毒。

二、选择题

1. 关于计算机病毒的说法，正确的是＿＿＿＿＿＿。

A. 计算机病毒像感冒病毒一样，可以在人群中传播

B. 计算机病毒只能感染计算机文件

C. 计算机病毒只存在于计算机硬盘中

D. 计算机病毒可以通过光盘、U 盘、网络等许多途径传播

2. 以下哪个不是计算机病毒的主要传播途径？

A. 移动存储设备　　　　　　　　B. 网络下载

C. 电子邮件　　　　　　　　　　D. 播放 DVD 影片

3. 以下哪个不是预防计算机病毒的常用操作？

A. 对来历不明的邮件及附件不要打开　　B. 关闭计算机不常用的服务

C. 不用计算机光驱观看 DVD 光盘　　　　D. 经常升级系统补丁

4. 关于计算机病毒查杀软件的说法，不正确的是＿＿＿＿＿＿。

A. 查杀软件进行一次杀毒之后就不可以使用了

B. 查杀毒软件需要经常升级才能更有效防范病毒

C. 查杀毒软件有免费的也有付费的

D. 查杀毒软件的实时监控要开启才能有效防范病毒

5. 下列软件中,不是常用的杀毒软件的是_____。

A. 360 杀毒　　　　B. 瑞星杀毒　　　　C. 金山毒霸　　　　D. 超级解霸

6. 为了预防计算机病毒,应采取的正确措施是_____。

A. 每天都要对硬盘和软盘格式化　　　　B. 不玩任何网络游戏

C. 不用盗版软件和来历不明的光盘　　　　D. 经常清除计算机上的尘土

7. 计算机病毒主要是通过_____传播的。

A. 磁盘与网络　　　B. 微生物病毒体　　　C. 人体　　　　D. 电源

8. 根据统计,当前计算机病毒扩散最快的途径是_____。

A. 运行单机游戏软件　　　　B. 软件复制

C. 网络传播　　　　D. 磁盘拷贝

9. 为了保护计算机内的信息安全,可采取的措施有_____。

A. 对数据做好备份　　　　B. 安装防毒软件

C. 不打开来历不明的电子邮件　　　　D. 以上都正确

10. 彻底防止病毒入侵的方法是_____。

A. 每天检查磁盘有无病毒　　　　B. 定期清除磁盘中的病毒

C. 不自己编制程序　　　　D. 还没有研制出来

三、简答题

1. 什么是计算机病毒?

2. 计算机病毒有哪些特点?

3. 计算机感染病毒后有哪些症状?

4. 计算机在使用时如何预防病毒感染?

5. 你所了解的计算机病毒有哪些?其表现症状有哪些?

6. 常用的病毒查杀工具有哪些?选择其中一种描述其特点。

8

计算机的日常维护与保养

8.1 计算机使用环境的基本要求

电脑在使用的过程中,环境条件对电脑的影响常常被人们忽视,然而,它对电脑的正常运行和有效利用却有着很大的影响。各种系列电脑的技术设备和信息记录介质,对环境条件的参数范围都有技术规定,超过和达不到这个规定,就会使电脑的可靠性降低,寿命缩短。环境因素包括温度、湿度、清洁度、震动、电磁干扰、静电和电源问题等。所以要用好电脑首先要了解环境条件对电脑的影响。

8.1.1 温度对计算机的影响

我国对计算机设备的工作环境制定了国家标准 GB 2887—89,其中对计算机工作环境温度要求如表 8-1 所示。

表 8-1　机房温度国标要求

机房等级	开机时	停机时
A 级	20±2℃	5～35℃
B 级	15～30℃	5～30℃
C 级	10～35℃	10～40℃

1. 温度过高对于计算机的影响

电脑芯片和许多部件对温度非常敏感,环境温度太热,且无通风冷却条件,可使元器件内部温度太高而发生老化。高温还会导致软磁盘的物理变化,致使软磁盘损坏而损坏磁头。部件的温度过高是产生故障及造成衰老的主要原因。通常热量的产生并不是来自整个部件,而是部件里某些特定的区域,例如 CPU、电源电路等。可读写存储器(RAM)芯片是最容易因高温而造成故障的元件。温度高会使元件产生软性错误(Soft Error)而使数据漏失或错误,就是我们所熟知的热破坏(Thermal Wipeout)效应(或称热效应),如:温度过高后经常出现读写错误。除此之外,热量也会造成磁盘损坏,磁盘和唱片一样,如果放置在高温的地方或让阳光直接照射,一定会弯曲变形;一旦弯曲变形,储存在磁盘里的数据便再也无法顺利读出。据统计,温度每超出正常温度 10℃,计算机的可靠性就下降 25%。

2. 温度过低对于计算机的影响

低温对电脑的影响是一个很有趣的问题。超高速电脑必须在超低温下才可正常运行,但个人电脑则不行。一般来说,电子元件可以在低温的环境下良好地运行,但温度迅速下降时却会使金属部件产生不易处理的问题。以磁盘驱动器为例,一般来讲磁盘驱动器只能在 5～55℃ 范围的环境下工作,若低于这个温度,由于金属的钝化,可能会造成数据读写的错误,而且软磁盘片也会由于低温而变得极为脆弱。而且温度过低还容易出现水汽的凝聚和结露的现象。为避免低温所造成的困扰(尤其是北方城市),最好的办法是在电脑开机之前,将电脑预热至室温并保持这个温度。电脑从冷的环境进入温暖的环境以后,要过一个适应期才能开机,否则会产生结露现象,这些附着在电路板或元器件表面的小水珠,轻者腐蚀元器件和电路板,重者造成短路故障。

8.1.2 湿度对计算机的影响

随着计算机技术的迅速发展,计算机的质量以及可靠性都有了很大的提高。但是,由于计算机受组成部件和其他各种因素的影响,在工作时对使用环境的湿度有一定的要求。

湿度过高或过低,都会直接影响计算机系统的工作质量,需要引起操作者的重视。一般情况下,计算机系统在工作时,要求使用环境的最佳湿度范围为 45%～60%,而最大允许范围不应超过 35%～80%。

如果湿度过高,会引起湿气附着于计算机部件的表面,使机内电路工作性能降低,甚至出现短路而烧毁某些部件。更为严重的是,计算机内吸进湿空气后,会导致磁盘驱动器的金属部件生锈而损坏;印刷线路板的绝缘性能也会因此变差。湿度过高还会影响磁性材料,造成读写错误;计算机内部的接插件及有关接触部分会因湿度过大而漏电和接触不良。这些现象的出现,都要影响计算机系统的正常工作。湿度太低对计算机的影响也是很严重的。低湿度极容易产生静电,不仅会因为产生放电现象而造成火灾,还很易吸附灰尘,造成计算机线路短路和磁盘读写错误,严重时还会使磁盘或磁头损伤。

8.1.3 灰尘对计算机的影响

灰尘对电脑的损害较大。磁盘和磁头上的灰尘太多时,轻则造成读、写错误,重则造成划盘。因此,电脑周围要定期除尘并保持电脑的清洁。如果清洁度低就会有灰尘或纤维性颗粒积聚,微生物的作用还会使导线被腐蚀断掉,这对软磁盘驱动器及各种类型的绘图仪会造成损坏。灰尘对触点的接触阻抗有影响,它将造成键盘不能进行正常的输入操作,还特别容易破坏磁盘的磁记录表面。磁盘表面上的指纹污点、烟粒或一点灰尘,将足以引起磁头的磨损,丢失数据,并可损坏磁盘。灰尘过多还会造成打印机的打印头不能正常工作。在室内环境中,通过除尘的手段,达到空气洁净的目的,一般认为采用 30 万级洁净室即可,其粒度 $\leqslant 0.5\ \mu m$。

在正常情况下操作的电脑系统,灰尘的沉积会在电子元件与空气之间形成绝缘层,阻碍元件产生的热量散发到空气中,使得元件的温度上升到超过额定值烧毁,很多芯片的损坏大部分是由这个原因引起的。打印机和磁盘驱动器等电机机械设备比电子电路的设备更容易发生故障,原因是打印机和磁盘驱动器含有机械运动的元件,容易因污染造成温度过高而损坏。仔细检查打印机内部,将发现包括纸屑灰尘在内的大量污物,这些污物阻碍了正常情况下所产生的热量有效地散发到空气中。灰尘在磁盘驱动器中所造成的问题又比在打印机中所造成的问题来得严重。因为磁盘驱动器在存取数据的磁头与磁盘之间的间距非常小,任何外来的粒子,例如灰尘、烟灰、纤维等,如果跑进磁头与磁盘的封套里面,都会造成磁盘数据的存取困难。在我们呼吸的空气中,含有许多肉眼看不见的粒子,这些粒子若落到磁盘里,在数据存取时与磁头相撞而在磁盘上造成缺口,或者附着在磁头上而把别的磁盘表面划伤。当然,磁头也会因灰尘的侵蚀而提早报销。

香烟的含焦油烟雾,会在磁盘驱动器内部元件形成胶状的沉积物。除引起数据的存取错误外,还会干扰机械元件的运作,使得磁盘驱动器发生故障的机会大为提高。香烟的烟雾会使电路的接脚及接头急速被氧化而接触不良,引起间歇性的数据存取错误,因此使用电脑时请尽量避免抽烟。

8.1.4 电源对计算机的影响

这里所讲的电源是指平时使用的市电照明电路中的电源,而不是计算机自身的电源。

1. 市电不稳对计算机的影响

电压不稳对电脑(不管是台式机还是笔记本)都有非常大的影响。经常出现电压不稳的现象会导致电脑的硬件发生损坏,直接影响是对电脑的硬盘,其次是电源部分(包括主板上的电源部分)。电压过高特别是瞬间高压的情况下,不只是烧掉一个电源的问题,有可能会损坏 CPU 和内存条,甚至硬盘。电压过低或电压不稳也会导致电脑重启,重启时电脑硬件最容易损坏的是硬盘,一个硬盘经常在非正常关机的情况下使用,特别是硬盘正在进行读写时非正常关机,会造成硬盘使用寿命缩短,硬盘的这种损坏属于物理损坏,重要数据挽回是相当难的,所以务必注意。

2. 市电经常断电对计算机的影响

在电脑正常工作过程当中,特别是硬盘在读写时硬盘是高速运转的,硬盘磁头与硬盘的盘面是不接触的。正常关闭时盘面是慢慢地停下来,磁头也慢慢地滑动到磁头驻留区,等磁头和盘面不再接触时,计算机才正常关闭。如果突然断电,必然导致磁盘急刹车,这时磁头将突然敲示盘面,但是盘面还会由于惯性转动,这样就必然会导致磁头将盘面刮伤。刮伤的次数太多就会在使用过程当中提示硬盘出现坏道,一旦硬盘出现坏道,就很难保证电脑的稳定性和数据的安全性了。

8.1.5 电磁干扰对计算机的影响

电磁干扰引起的计算机故障和误操作形式各异,大小不同。电磁场的干扰,使电子电路的噪声增大,使计算机设备的可靠性降低,引起误操作,甚者会使计算机处于瘫痪状态,无法工作。电磁干扰产生的原因很多,有内部因素,也有外界因素。干扰的形式不同,如机房内部各设备之间的干扰,外界的设备对机房内设备的干扰,机房内设备对外界设备的干扰。

8.1.6 静电对计算机的影响

静电对计算机造成的危害主要表现在以下现象:磁盘读写失败,打印机打印混乱,芯片被击穿甚至主机板被烧坏等。

静电释放的主要危害是毁坏电子元件的灵敏度。对于某些晶体管,几百伏的静电释放就可彻底使其报废,这绝不是耸人听闻。对于静电释放最为敏感的元件是以金属氧化物半导体(CMOS)为主的集成电路。PC 中的 CMOS 芯片能够承受静电冲击电压 200 V,DRAM、EPROM 芯片为 300 V,TTL 芯片为 1 000 V。由此可见,如果不注意控制静电的危害,用户很可能在毁坏昂贵的集成电路后,而全然不知。

8.1.7 震动对计算机的影响

环境震动对计算机的影响,主要体现在计算机硬盘的使用上。计算机正在运行时,特别是硬盘正在进行读写操作时,计算机硬盘指示灯在闪烁时,如果计算机受到剧烈震动,就很容易造成计算机硬盘盘面的划伤,使得数据丢失或软件故障。但固态硬盘就没有这个问题。

8.2 计算机内部的清洁保养

8.2.1 清洁主板

电脑用的时间长了,里面的主板等部件有大量的灰尘。如何正确清洗呢?

电脑主板使用的时间长了,容易出现很多灰尘,这些灰尘会影响电脑使用与性能,严重会导致电脑进不了系统,出现接触不良的现象,如果电脑主板因为灰尘太多导致出现故障,就需要给主板清洗一下,我们自己也可以动手清洗主板,可以去买专用的洗板水,或者就用不导电的二次蒸馏水,以确保清洗的水不带静电离子。注意最好不要用我们常喝的矿泉水(含太多离子杂质),也不要用自来水,这样的水经常呈弱酸或弱碱性,容易腐蚀电路板。假如没有把握完全烘干,清洗前最好要拔下板卡上的电池、集成块等,总之拔下能拔下的所有零件。在清洗的过程中要使用比较软的刷子,并注意不要碰坏零件和焊点、电容等。一般来说,CPU 插槽、AGP槽(或 PCI - E)、PCI 槽、南桥和北桥芯片底下、每个集成电路 IC 芯片的底下、内存槽旁边的金属触点旁边,还有 BIOS 芯片底下,都是不容易清理和烘干的地方。洗刷的时候还可以使用超声波清洗仪(眼镜店一般都有)来清洗很难洗刷或者看不见的污垢,但是同时也可能对元件造成损伤。烘干前,我们可以通过在主板上刷酒精以加快水分蒸发。烘干主板可以使用家用的电吹风,也可以拿到修车店用高压气泵吹干。烘干机最好用风流量比较大的,这样可以把不容易烘干的地方的水强制吹出来。烘干的时候一定要彻底,不然会导致局部短路,那样报废的可能就不仅仅是主板了。另外,主板烘干后要再晾一段时间,最好使用烘灯(或家用台灯)再烤24 小时,以保证加电时不会有水蒸气存在。

按照这个原则,电脑主机里的 CPU、板卡、内存甚至硬盘的电路板都可以拿出来清洗。必须要注意的是,如果确认不是由于灰尘太多造成故障的,或者不是到了万不得已的时候,最好不要单纯为了好看而清洗配件,毕竟这样做的风险相当大,要是清洗不当造成硬件损坏就得不偿失了。

8.2.2 清洁 CPU 风扇

清理之前准备十字螺丝刀,硅胶,小号的毛刷或废旧的牙刷,纸巾几张,带冷风挡的电吹风或皮吹。

流程如下:先用螺丝刀将散热片连同扇头一同拆下(有些是手按卡子,可以不用工具拆卸),然后用纸巾清理散热片底部与 CPU 核心上残留的散热硅脂。将风扇从散热片上拆下,把散热片用毛刷或牙刷清理一遍,然后用皮吹将散热片间隙里吹干净,如果散热片上的灰尘用毛刷无法刷掉时,可以使用水龙头冲洗,然后用纸巾擦干,放在电风扇前吹干。用毛刷或牙刷把风扇刷干净,风扇上残留的清理不掉的灰尘,最后可用纸巾擦拭一下,但切记最好不要用水洗。等散热片完全吹干以后,将风扇装上,在 CPU 核心涂上适量一层散热硅脂,注意涂抹均匀,再小心地将风扇整体扣上即可。

安装之前建议:查看风扇是否已到年限,可用手轻转扇页,如果旋转灵活,且停顿时有反弹现象,证明风扇运行状态良好;反之,则应当更换风扇,或连同散热片整体更换。

8.2.3 清洁电源

一般机箱内部的电源是不能拆开清洁的,因为拆开清洁可能会破坏电源的绝缘性能,导致机箱漏电,造成危险;如果电源还在质保期内,拆开电源也会破坏电源的保修贴纸,导致电源不能保修。一般电脑电源的清洁主要是使用毛刷清洁下电源的通风口,用电吹风的冷风挡将灰尘吹干净就可以了。

8.2.4 清洁内存条和适配卡

一般情况下内存条和适配卡是不需要清洁的。如果要清洁,可先用刷子轻轻清扫各种适配卡和内存条表面的积尘,然后用皮吹吹干净。用橡皮擦擦拭各种插卡的金手指正面与反面,清除掉上面的灰尘、油污或氧化层。

8.2.5 清洁光驱

如果光驱使用时间长,再加上工作场所灰尘较多,光驱的激光头表面就很容易沾上许多灰尘,这就会造成激光头所能发出的激光束减弱,导致光驱的容错性能下降,读盘能力差,甚至不能读盘。通过清洗激光头的方法可以减轻或解决这种故障。清洗激光头一般有两种方法,一种是自动清洗,一种是手工清洗。自动清洗方法简单,但是效果不如手工清洗好,一般用户可以使用此方法。手工清洗比较麻烦,需要用户具备一些修理经验,但是清洗后的效果非常好。

自动清洗:首先到计算机商店买一张专门用于计算机光驱的清洗盘,放入光驱中,然后使用播放软件播放这张盘,当播放完毕后,把清洗盘从光驱中取出,这时光驱就已经清洗完毕了。再向光驱中放入光盘,来检测一下光驱的读盘能力是否有所提高。不过在购买清洗盘的时候要注意,不要购买 VCD 所使用的清洗盘,必须购买计算机专用的清洗盘。

手工清洗:如果自动清洗没有效果或效果较差,还可以尝试使用手工清洗的方法。将光驱从机箱内拆下,用螺丝刀等工具打开光驱的外壳(笔记本电脑光驱不需要拆卸),在光驱的中央位置有一个玻璃状的小圆球,这就是激光头了,使用一个干净的棉签,或在牙签上包上脱脂棉,蘸上少量酒精或蒸馏水轻轻擦拭激光头的表面,但要注意不可用酒精擦拭光电管和聚焦透镜表面。擦拭完毕,等酒精蒸发后,把光驱外壳盖上即可。

8.2.6 清洗机箱内表面的积尘

一般机箱内表面的积尘只需要使用毛刷刷干净,再用电吹风或皮吹吹掉灰尘即可。

8.2.7 拓展知识

计算机主要配件的保养

1. 硬盘的保养

(1)正确移动硬盘,注意防震。

在开机状态下,不要移动硬盘或机箱。安装、拆卸时严禁磕碰,尽量减少震动。

（2）正确开、关主机电源。

读写硬盘时，尽量不要强行关闭主机电源。另外应避免频繁地开关计算机电源。中间应相隔一定的时间。

（3）不能自行拆开硬盘盖。

自行拆开硬盘盖有可能会损坏磁头或盘片，导致数据丢失，缩短硬盘的使用寿命。

（4）正确拆卸硬盘。

取放硬盘时，不要接触硬盘背面的电路板，要轻拿轻放，切勿带电插拔 IDE 硬盘数据线或电源线。

（5）定期整理硬盘。

硬盘在存放文件的过程中会产生大量的碎片，这会导致访问速度下降，还可能会损坏磁道，所以定期进行磁盘碎片整理。

（6）注意预防病毒。

应定期杀毒，对重要数据应进行保护和及时做好备份。

（7）出现坏道及时更换硬盘。

2. 光盘的保养

（1）不要用手或其他硬物接触光盘的正面以免弄污或划伤光盘；

（2）正确取放光盘，用手拿住光盘的内外两边取放光盘；

（3）光盘不用时，要从光驱中取出，最好存放到 CD 盒中；

（4）保存光盘时，要远离热源，不要受阳光直射；

（5）若光盘表面有污物，用镜头纸或软的绒布沿半径方向由内向外轻轻擦拭，还可用清水冲洗，不要用有机溶液清洁光盘；

（6）不要在光盘反面粘贴标贴，以防光盘在光驱内高速旋转中变形。

3. 光驱的保养

（1）保证光盘质量，不使用表面划伤严重、盘片变形和制造工艺差的光盘；

（2）表面脏污、沾满灰尘的光盘要将其清洁干净后才能放入光驱；

（3）使用面板上的进出按钮进行弹盘和进盘操作，以防造成光驱的机械性损坏；

（4）不要连续长时间看 VCD 或听 CD，以减轻激光头的老化，延长光驱的寿命；

（5）光盘使用完毕后，要及时取出光盘，以减少摩擦，并且要在关机前取出光盘；

（6）光驱的托盘不宜长时间停留在弹出状态。

4. 显示器的保养

（1）显示器工作时容易吸附灰尘，经常用软布或镜头试纸擦拭屏幕；

（2）显示器周围不要摆放电视机、音响、电话等磁性较大的物品，以防显示器被磁化，不能正常显示；

（3）显示器摆放位置要远离热源，不要被阳光直射，以免损伤显示器中的电子元件；

（4）显示器的亮度和对比度不要调得过亮，以防显示器老化，减短使用寿命。

8.3 优化大师的使用

随着各类应用软件的安装、删除、卸载，硬盘上的垃圾文件日渐增多，占用了大量空间，降低了系统运转速度,导致系统整体性能下降,使用 Windows 优化大师,能够有效地帮助用户了解自己的计算机软硬件信息;简化操作系统设置步骤;提升计算机运行效率;清理系统运行时产生的垃圾;修复系统故障及安全漏洞;维护系统的正常运转。

8.3.1　Windows 优化大师的安装

1. 下载安装 Windows 优化大师 V7.99.13.604

具体操作方法:

(1) 启动 Internet Explorer,在地址栏输入"http://www.baidu.com/",按回车键。

(2) 输入搜索关键词:"优化大师",单击"百度搜索"按钮。

(3) 在搜索结果中选择相应的下载地址下载该软件"windowsyouhua_V7.99.13.604.exe",保存。

2. 安装 Windows 优化大师

双击打开 windowsyouhua_V7.99.13.604.exe 优化大师安装文件,根据其引导程序安装优化大师。

8.3.2　Windows 优化大师的主要功能

1. 详尽准确的系统检测(图 8-1)

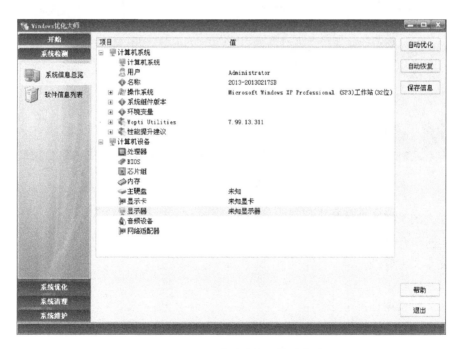

图 8-1　Windows 优化大师系统信息界面

系统检测具体操作方法:

(1) 双击桌面上的"Windows 优化大师"快捷方式,启动程序。

(2) 单击"系统检测"选项卡,分别单击"系统信息总览"、"处理器和主板"、"视频系统信息"、"音频系统信息"、"存储系统信息"、"网络系统信息"、"其他外部设备"、"软件信息检测"、"系统性能检测"按钮,检查并查看 Windows 操作系统、计算机系统的主要硬件设备、用户安装的软件列表等信息。

（3）单击"系统信息总览"→"保存信息",保存信息检测结果。

（4）单击"系统性能测试",观察测试过程,并查看检测结果,了解计算机性能。

（5）单击"自动优化"启动自动优化向导,对系统进行优化。

2. 全面的系统优化选项（如图 8-2 所示）

全面的系统优化主要功能有:磁盘缓存优化、桌面菜单优化、文件系统优化、网络系统优化、开机速度优化、系统安全优化、系统个性设置、后台服务优化。

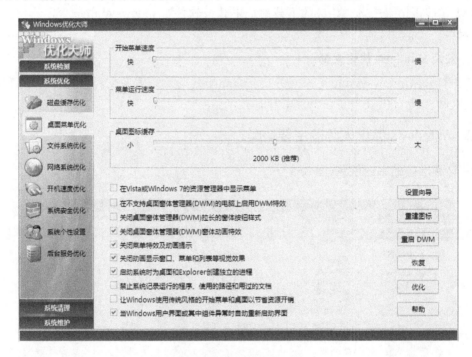

图 8-2 系统优化界面

3. 强大的系统清理功能

a. 注册信息清理

b. 磁盘文件管理

c. 软件智能卸载

d. 历史痕迹清理

4. 有效的系统维护模块

a. 系统磁盘医生

b. 磁盘碎片整理

c. 驱动智能备份

d. 其他设置选项

e. 系统维护日志

8.3.3　拓展知识

一、超级兔子魔法设置的使用

1. 超级兔子界面（如图 8-3 所示）

图 8-3　超级兔子 2013 主界面

2. 超级兔子功能

超级兔子将主体功能分为四大模块，即"系统"、"安全"、"优化"和"软件"，用户通过单击界面顶部对应的功能按钮即可进入相应的模块，每个模块都内置有多款实用工具。

二、360 安全卫士的使用（如图 8-4 所示）

图 8-4　360 安全卫士界面

8.4 硬盘克隆大师 Norton Ghost 的使用

如今的操作系统变得越来越庞大,安装时间也越来越长,一旦遭遇了病毒或者是系统崩溃,重装系统确实是件麻烦的事情。鉴于此,作为一名电脑用户,掌握备份与恢复的能力便显得尤为重要。Ghost 软件最大的作用是可以轻松地把磁盘上的内容备份到镜像文件中,也可以快速地把镜像文件恢复到磁盘。

在使用 Ghost 备份系统时,首先必须保证要备份的系统干净无毒,其次系统已经过优化,最后是安装了最新的软件、驱动程序和系统补丁等,并执行完毕磁盘扫描和磁盘整理。

8.4.1 分区备份

具体操作步骤如下:

第一步:运行 Ghost,进入 Ghost 的初始界面,如图 8-5 所示。单击"OK"键进入软件操作界面。

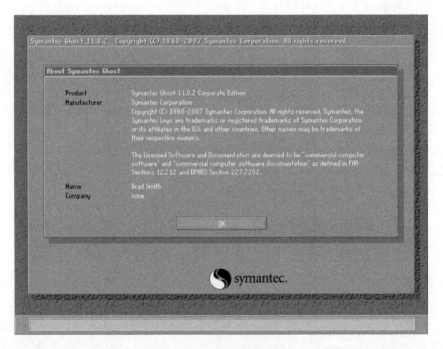

图 8-5　Ghost 启动界面

第二步:在 Ghost 主菜单中单击"Local"(本地)项,单击"Local"→"Partition"→"To Image",如图 8-6 所示。

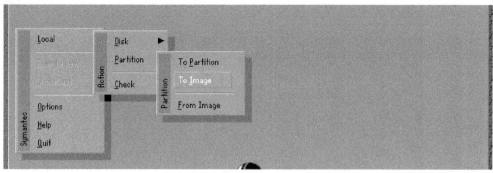

图 8-6　分区备份窗口

第三步：选择物理硬盘，单击"OK"按钮，进入"分区选择"对话框，如图 8-7 所示。

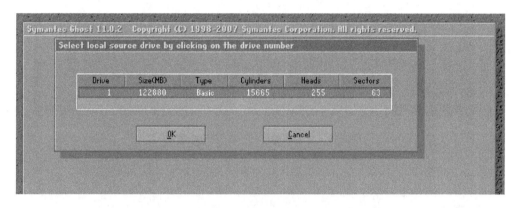

图 8-7　硬盘选择窗口

第四步：选择需要备份的硬盘分区，如图 8-8 所示。

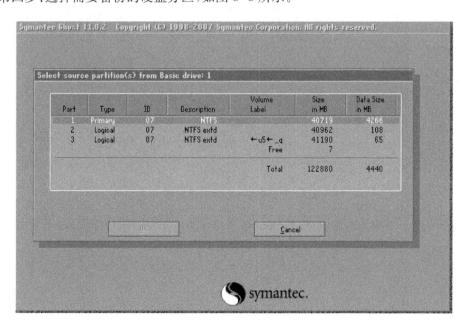

图 8-8　分区选择窗口

第五步：设定映像文件的保存位置和名称，如图 8-9 所示。

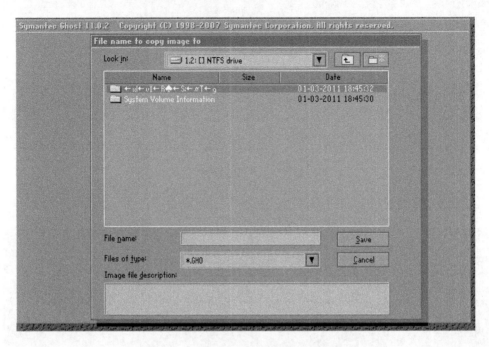

图 8-9　文件名称和保存位置选择窗口

第六步：此时系统会出现一个对话框来提示是否进行备份文件压缩，如图 8-10 所示。

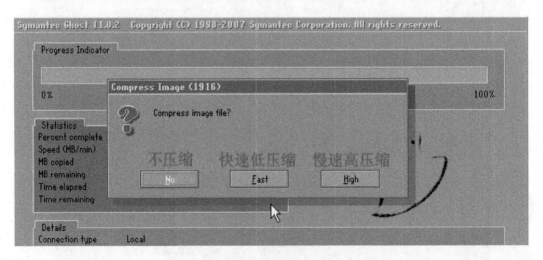

图 8-10　数据压缩方式选择窗口

第七步：这一切准备工作做完后，Norton Ghost 就会问是否进行操作，如图 8-11 所示。

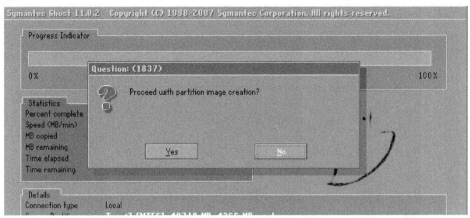

图 8-11　确认是否进行操作窗口

第八步：镜像文件制作完毕，如图 8-12 所示。

图 8-12　镜像文件制作完毕

8.4.2　备份分区的还原

第一步：重启选择进入 DOS 系统，转到备份盘，进入备份目录，运行 Ghost 程序，选择
"Local"→"Partition"→"From Image"选项。如图 8-13 所示。

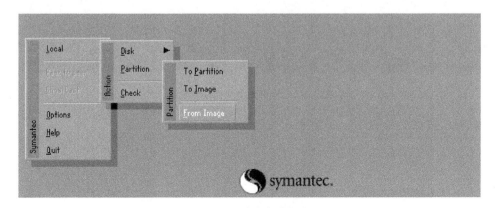

图 8-13　系统恢复选择窗口

第二步:选择镜像文件所在的目录,如图8-14所示。

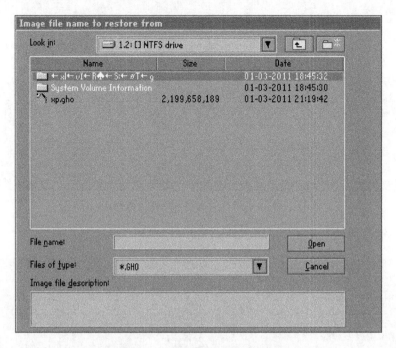

图8-14　选择镜像文件目录窗口

第三步:选择镜像文件的来源磁盘,如图8-15所示。

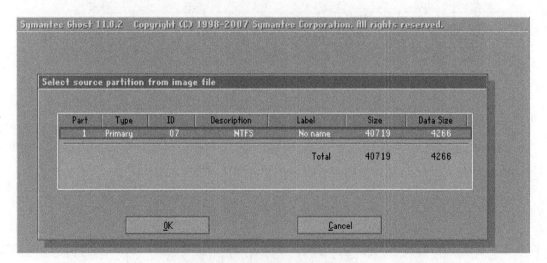

图8-15　选择镜像文件来源窗口

第四步:选择要恢复的分区,如图8-16所示。

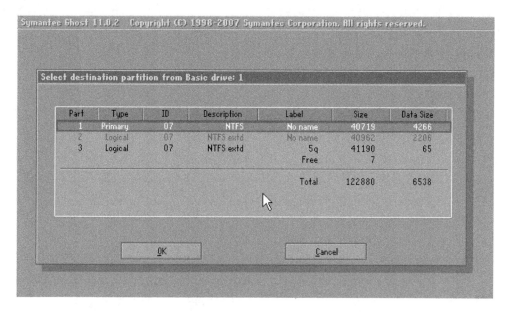

图 8-16　选择恢复分区窗口

第五步：所有选择完毕后，Ghost 仍会让你确认是否进行操作，如图 8-17 所示。

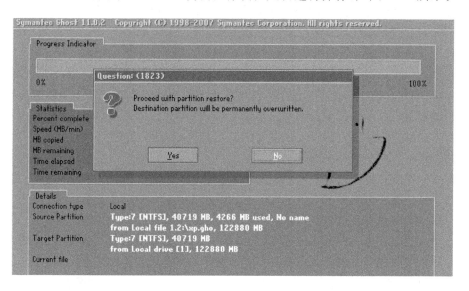

图 8-17　系统开始恢复进程窗口

8.4.3　拓展知识

一、备份整个硬盘

备份整个硬盘时，需要另外一个附加的硬盘或者可刻录光盘来进行备份工作。具体操作步骤如下：

第一步：准备好目标硬盘或者可刻录光盘；

第二步：运行 Ghost，选择"Local"→"Disk"→"To Image"选项；

第三步:在弹出的对话框中选定要备份的源磁盘名,选定目标目录位置,然后键入一个文件名,单击"Save"按钮进行操作;

第四步:根据需要选择是否进行压缩;

第五步:确认所做选择后备份工作开始,直到结束。

二、恢复整个硬盘

如果已经备份了整个硬盘的内容,当硬盘出现故障时,只需要将备份恢复,就可以保证系统的正常运行。具体操作步骤如下:

第一步:在 Ghost 主菜单中点击"Local"(本地)项,选择"Local"→"Disk"→"Form Image"选项;

第二步:在弹出对话框中,选择目标磁盘目录和文件名,单击"Open"按钮;

第三步:选择将要恢复的磁盘名;

第四步:确认后开始恢复。

三、同容量硬盘复制

如果有一批机器配置都是一样的,组成一个机房,安装的系统和软件也是相同的,用户可以利用 Ghost 的硬盘复制来减轻工作量,这个功能被称为"克隆",具体操作步骤如下:

第一步:将目标硬盘的主从跳线设置为"Slave",并连接到源硬盘的 IDE 线上,接好电源;

第二步:启动计算机,在 CMOS 中使用"IDE Auto Detect"设置好硬盘参数;

第三步:利用源硬盘启动 Windows 操作系统;

第四步:运行 Ghost,选择"Local"→"Disk"→"To Disk"选项;

第五步:选择源盘和目标盘,如果两个磁盘空间不同,则会出现一个提示框。如果源盘大于目标盘,则复制工作停止并退出;如果源盘小于目标盘,则提示两个分区的提示栏,用户可以改动复制后分区的大小;

第六步:确认所做的选择,单击"OK"按钮,复制开始,同时有进度栏显示工作状态。

四、复制两个硬盘的系统分区

如果两个硬盘容量不同,但两者系统分区容量相同,则可以通过 Ghost 将这两个分区进行复制。具体操作步骤如下:

第一步:将两块硬盘连接在一台机器上;

第二步:运行 Ghost,选择"Local"→"Partition"→"To Partition"选项;

第三步:在弹出的对话框中,选择源盘及其分区,选择目标盘及其分区;

第四步:如果两个分区容量不一致,Ghost 会提示修改分区大小,此时可以根据源盘容量来修改目标盘大小;

第五步:选择"Yes"开始复制。

习　题

一、填空题

1. 影响计算机使用的环境因素包括_____、_____、_____、_____、_____、_____和_____问题等。

2. 我国国家标准 GB 2887—89 对 A 级机房等级要求的开机温度是＿＿＿＿＿＿。

3. 一般情况下,计算机系统在工作时,要求使用环境的最佳湿度范围为＿＿＿＿＿＿
＿＿。

4. 电压过低或电压不稳也会导致电脑重启,重启时电脑硬件最容易损坏的是＿＿＿＿
＿＿。

5. 静电对计算机造成的危害主要表现在以下现象:＿＿＿＿＿＿＿＿,＿＿＿＿＿
＿＿＿,＿＿＿＿＿＿＿＿甚至主机板被烧坏等。

6. 在安装 CPU 散热片和风扇时需要在 CPU 上涂抹＿＿＿＿＿＿＿＿。

7. 在清楚金手指上的灰尘、油污或氧化层时,可以使用＿＿＿＿＿＿擦拭各种插卡的
金手指正面与反面。

二、选择题

1. 空气中灰尘含量对计算机的影响不包括＿＿＿＿。
A. 使导线被腐蚀　　　　　　　　B. 键盘不能进行正常工作
C. 网络连接故障　　　　　　　　D. 引起磁头的磨损

2. 降低市电不稳对计算机影响的操作不包括＿＿＿＿。
A. 安装最新的操作系统　　　　　B. 加装 UPS
C. 安装具有电源过滤的机箱电源　D. 以上都不是

3. 电磁干扰对计算机有什么影响?
A. 降低计算机的可靠性　　　　　B. 影响电磁数据的读写
C. 磁盘数据的丢失　　　　　　　D. 以上都是

4. 计算机主板灰尘清理时,不可以使用下面哪个溶剂?
A. 专用的洗板水　　　　　　　　B. 蒸馏水
C. 瓶装矿泉水　　　　　　　　　D. 无水酒精

5. 关于硬盘保养的描述中错误的是(　　)。
A. 正确移动硬盘,注意防震　　　B. 正确开、关主机电源
C. 经常进行硬盘低级格式化,修复坏道　D. 定期整理硬盘碎片

三、简答题

1. 简述温度对计算机运行的影响?
2. 简述静电对计算机运行的影响?
3. 简述如何对计算机主板进行清洗?
4. 简述计算机硬盘的日常维护与保养?
5. 如何使用 Ghost 软件对硬盘数据进行保护?
6. 为什么要经常对计算机硬盘进行碎片整理?

9

计算机常见故障处理

9.1 如何处理 CPU 的常见故障

常见的 CPU 故障大致有以下几种：散热故障、重启故障、黑屏故障及超频故障。由于 CPU 本身出现故障的几率非常小，所以大部分故障都是因为计算机用户自身的粗心大意，或者是使用不当造成的。

9.1.1 CPU 的常见故障分析及处理

1. CPU 针脚接触不良导致机器无法启动

故障现象：某用户一台 Athlon CPU 的电脑，平日使用一直正常，有一天突然无法开机，屏幕无显示信号输出，开始认定显卡出现故障。用替换法检查后，发现显卡无问题，后来又推测是显示器故障，检查后，显示器也一切正常。纳闷之余，拔下插在主板上的 CPU，仔细观察并无烧毁痕迹，但就是无法点亮机器。后来发现 CPU 的针脚均发黑、发绿，有氧化的痕迹和锈迹（CPU 的针脚为铜材料制造，外层镀金），便用牙刷对 CPU 针脚做了清洁工作，电脑又可以加电工作了。

故障分析：CPU 除锈后解决了问题，但锈究竟怎么来的？最后把疑点落在了那块制冷片上，以前有文章报道讲过制冷片有结露现象，可能是因为制冷片将芯片的表面温度降得太低，低过了结露点，导致 CPU 长期工作在潮湿环境中。而裸露的铜针脚在此环境中与空气中的氧气发生反应生成了铜锈。日积月累锈斑太多造成接触不良，从而引发这次奇特故障。此外还有一些劣质主板，由于 CPU 插槽质量不好，也会造成接触不良，用户需要自行固定 CPU 和插槽的接触，方可解决问题。

2. "低温"工作也能烧毁 CPU

故障现象：我们可以做这样一个测试，将台式机 Celeron Ⅱ 566 处理器运行于标准频率下（没有超频），通过电吹风加热到 55℃（利用主板温度监测功能得到），只要运行 CPU 占用率高的程序，一会儿就死机；而把 Celeron Ⅱ 566 超频到 850 MHz，系统温度为 50℃ 左右，运行 Quake Ⅲ 十多分钟才死机。估计此时温度已经超过 55 摄氏度，而其内核的温度通过实测，发现已达到 86.4℃，后来发现 CPU 在这样的低温下运行差一点就烧毁了，但发现笔记本电脑却没有出现这种"表里不一"的问题。

故障分析：这是主板检测到的 CPU 温度迷惑了我们。其实现在台式机主板报告的 CPU 温度根本不是其内核温度，因为台式机主板常见的测温探头根本就没有和 CPU 散热片或 CPU 接触，测量的只是 CPU 附近的空气温度。这才造成不少 CPU 在看似低温的情况下烧毁。

为什么笔记本电脑不会出现这种差异？原来笔记本中对 CPU 测温采用的是热敏电阻，测温点在 CPU 底部，如果直接读数，其实温度并没有这么高，而其显示的监控温度经过了校正，比测量的温度高，这样就更加接近 CPU 的内核温度。所以大部分笔记本测试的 CPU 温度是内核温度，不会出现低温下烧毁 CPU 的情况。

3. 挂起模式造成 CPU 烧毁

故障现象：一般的系统挂起并不会造成 CPU 烧毁，系统会自动降低 CPU 工作频率和风扇转速来节省能耗。而这里所说的挂起模式造成 CPU 被烧毁，均是超频后的 CPU。或许你会觉得这有点不可思议，超频后的 CPU 为什么会被烧毁？这全都因为风扇停止运转造成的。原来，主板上的监控芯片除可以监控风扇转速外，有的还能在系统进入 Suspend（挂起）省电模式下，自动降低风扇转速甚至完全停止运转，这本是好意，可以省电，也可以延长风扇的寿命与使用时间。过去的 CPU 处于闲置状态下，热量不高，所以风扇不转，只靠散热片还能应付散热。但现在的 CPU 频率实在太高，即使进入挂起模式，当风扇不转时，CPU 也会热得发烫。因此有的人就会遇到，当从挂起转入正常模式时，系统就会死机并出现蓝屏，这就是 CPU 过热产生的错误。

故障分析：这种情况并不是在每块主板都会发生，发生时必须要符合三个条件。首先 CPU 风扇必须是 3pin 风扇，这样才会被主板所控制。第二，主板的监控功能必须具备 Fan Off When Suspend（进入挂起模式即关闭风扇电源），且此功能预设为 On。有的主板预设 On，甚至有的在 Power Management 的设定就有 Fan Off When Suspend 这一选项，大家可以注意看看。第三，进入挂起模式。因此，现在就对照检查一下自己的电脑吧。

4. CPU 频率常见故障

故障现象：有一台电脑的 CPU 为 Athlon 1 600＋，开机后 BIOS 显示为 1 050 MHz，但正常的 Athlon 1 600＋应为 10.5 倍频×133 MHz 外频＝1 400 MHz 主频。在 BIOS 中发现外频最大只能设置为 129 MHz，拆机发现主板的 DIP 开关调到了 100 MHz 外频，于是将其调为 133 MHz 外频，开机后黑屏，CPU 风扇运转正常。反复几次均是如此，后来再把主板上的 DIP 开关全部调为 Auto，在默认状态下，系统自检仍为 1 050 MHz。怀疑内存和显卡等不同步，降内存 CAS 从 2 改为 2.5，依然无法正常自检；又将 AGP 显卡从 4X 改 2X 模式，开机恢复正常。

故障分析：经过证实，该显卡版本比较老，默认的 AGP 工作频率是 66 MHz（在 100 MHz 下，PCI 的工作频率为 100÷3＝33.3 MHz，AGP 则是 PCI×2＝66.6 MHz，在 133 MHz 外频下 AGP 的频率为 133÷3×2＝88.7 MHz），因为 AthlonXP 所使用的 133 MHz 外频，AGP 的工作频率随即提升到了 88.7 MHz。因此，显示器黑屏显然为显卡所为，将显卡降低工作频率后，系统恢复正常。

我们经常发现由于 CPU 频率不正常而引起的故障，早期的一些 Pentium Ⅲ 或 Athlon 处理器都是默认 100 MHz 外频，而现在新核心的 CPU 好多都是 133 MHz 外频。这样在主板自动检测的情况下，CPU 都被降频使用，一般往往也不被人所发现。遇到此类情况只要通过调整外频及显卡或内存的异步工作即可。

9.1.2　如何处理 CPU 风扇故障

造成 CPU 故障的原因中,很多直接与 CPU 的散热风扇有关,下面就介绍几个 CPU 风扇的主要性能参数。

1. 风扇功率

CPU 风扇功率是影响风扇散热效果的一个重要指标,通常功率越大风扇的风力也越强劲,散热的效果也越好。而风扇的功率与风扇的转速直接联系,即风扇的转速越高,风扇的功率就越大。在选购 CPU 风扇时,不要片面地强调高功率,要同计算机本身的功率相匹配,如果功率过大,不但不能起到很好的冷却效果,反而可能会加重计算机的工作负荷,最终缩短了 CPU 风扇的寿命。在选择 CPU 风扇功率大小时,应该遵循够用原则。

2. 风扇口径

该性能参数对风扇的出风量也有直接的影响,在允许的范围之内风扇的口径越大,风扇的出风量也越大。通常在主机箱内预留位置是安装 8 cm×8 cm 的轴流风扇,如果不在标准位置安装可不受此限制。选择的风扇口径一定要与自己计算机中的机箱结构相协调,保证风扇不影响计算机其他设备的正常工作,保证机箱内有足够的自由空间来方便拆卸其他配件。

3. 风扇转速

风扇的转速与风扇的功率是密不可分的,转速的大小直接影响到风扇功率的大小。一般来说,在一定的范围内,风扇的转速越高,它向 CPU 传送的进风量就越大,CPU 获得的冷却效果就会越好。但是一旦风扇的转速超过其额定值,风扇在长时间超负荷之下工作时,本身产生的热量会严重影响对 CPU 的冷却;另外,风扇在高速运转过程中,可能会产生很强的噪音,时间长了可能会缩短风扇寿命;还有,较高的运转速度需要主板和电源提供较大的功率来保证,可能导致主板和电源在超负荷功率下引起系统不稳定。我们在选择风扇的转速时,应该根据 CPU 的发热量决定,最好选择转速在 3500 转至 5200 转之间的风扇。

4. 风扇材质

由于 CPU 的热量是通过传导到散热片,再经风扇带来的冷空气吹拂而把散热片的热量带走的,而风扇所能传导的热量快慢是由组成风扇的导热片的材质决定的,因此风扇的材料质量对热量的传导性能具有决定性的作用,为此我们在选择风扇时一定要注意风扇导热片的热传导性是否良好。考虑到成本、加工难易程度、重量等因素,铝就成了生产散热片最好的材料了。

5. 风扇噪声

衡量风扇质量高低的另外一个外在表现是噪音大小。噪音大小通常与风扇的功率有关,通常功率越大,转速也就越快,此时一个负面影响也就表现出来了,那就是噪声。因此,我们在购买风扇时,一定要试听一下风扇的噪音。造成风扇噪音可能是风扇质量的问题,也有可能是风扇的转轴润滑效果不佳,或者是风扇没有被正确安装。如今风扇为了减轻噪声都投入了一些设计,例如改变扇叶的角度,增加扇轴的润滑度和稳定度等。

现在有许多好品牌的风扇都开始使用滚珠轴承,这种轴承就是利用许多钢珠来作为减少摩擦的介质。这种滚珠风扇的特点就是风力大,寿命长、噪音小,但成本可是比较高的。风扇的转动要平稳,否则很容易产生噪音,因此在购买风扇时,一定要记得检查风扇滚轴轴心是否松动。

6. 风扇形状

风扇形状通常是指组成风扇的散热片的形状。由于风扇的形状对进风和排风影响很大,而进风和排风又会直接关系到最后的散热效果,因此从某种意义上来说,风扇的形状对风扇的工作性能也有一定的影响。建议从风扇的外形、风扇的尺寸大小、叶片的设计形式以及风扇厚度等角度来综合检查。

7. 风扇排风量

风扇排风量可以说是一个比较综合的指标,因此可以认为排风量是衡量一个风扇性能的最直接指标。如果一个风扇可以达到 5 000 转/分,但其扇叶如果是扁平的话,那就不会形成任何气流,所以对于风扇的排风量,扇叶的角度是决定性因素。可以用一个简便的方法测试一个风扇的排风量,只要将手放在散热片附近感受一下吹出的风的强度即可,如果在离它很远的位置,也仍然可以感到风,通常是质量好的风扇。

9.2 如何处理主板的常见故障

主板是整个电脑的关键部件,在电脑起着至关重要的作用。如果主板产生故障将会影响到整个 PC 机系统的工作。下面,我们就一起来看看主板在使用过程中最常见的故障有哪些。

9.2.1 主板产生故障的原因

1. 元器件质量引起的故障

这种故障在一些劣质的主板上比较常见,是指主板的某个元器件因本身质量问题而损坏,导致主板的某部分功能无法正常使用,系统无法正常启动,自检过程中报错等现象。

2. 环境引发的故障

因外界环境引起的故障,一般是指人们在未知的情况下或不可预测、不可抗拒的情况下引起的。如雷击、供电不稳定,它可能会直接损坏主板,这种情况下人们一般都没有办法预防;外界环境引起的另外一种情况,就是因温度、湿度和灰尘等引起的故障。这种情况表现出来的症状有:经常死机、重启或有时能开机有时又不能开机等,从而造成机器的性能不稳定。

3. 人为故障

有些用户电脑操作方面的知识懂得较少,在操作时不注意操作规范及安全,这样对电脑的有些部件将会造成损伤。如带电插拔设备及板卡,安装设备及板卡时用力过度,造成设备接口、芯片和板卡等损伤或变形,从而引发故障。

9.2.2 主板故障排查处理三法

当一台电脑出现故障时,我们首先要来判断故障的出处,特别是像主板这种较大的设备,单凭外在表现并不能很清楚地判断故障的出处,这里就需要利用替换来详细检查故障的出处。可以把怀疑的部件拿到好的电脑上去试,同时也可以把好的部件接到出故障的电脑上去试。如:内存在自检时报错或容量不对,就可以用此方法来判断引起故障的真正元凶。当确定为主板故障之后,我们便可以进一步地对主板故障进行排查与处理。一般情况下,我们可以通过清理法、观察法与软件诊断法对主板进行处理。

1. 清理法

当发现主板上积尘过多时,我们要先对主板进行清理。由于主板积尘过多,加之尘土吸附空气中的水分,极容易造成主板无法正常工作的故障,可用毛刷清除主板上的灰尘。另外,主板上一般接有很多的外接板卡,这些板卡的金手指部分可能被氧化,造成与主板接触不良,这种问题可用橡皮擦擦去表面的氧化层。

2. 观察法

主要用到"看、摸"的技巧。在关闭电源的情况下,看各部件是否接插正确,电容、电阻引脚是否接触良好,各部件表面是否有烧焦、开裂的现象,各个电路板上的铜箔是否有烧坏的痕迹。同时,可以用手去触摸一些芯片的表面,看是否有非常发烫的现象。

3. 复原法

对于一些更改了主板 BIOS 设置或对 CPU 超频之后的主板,我们可以通过恢复主板的默认设置,来排除一些常见的故障。特别是死机、重新启动这种故障,一般情况下是由于对 CPU 进行超频后所造成的,将 CPU 改成默认的频率后一般这种故障会消失。

9.2.3 主板常见故障的基本处理步骤

1. 打开机箱

(1)断开主机机箱电源。

(2)卸下主机箱左、右侧面板;释放静电后,正面朝上摆放。

2. 检查主板

(1)检查主板表面是否有灰尘聚集。

故障表象:①主板聚集灰尘过多;②部件表面有烧焦、开裂的现象,或电路板上的铜箔有烧坏的痕迹,或用手触摸芯片表面时有非常发烫的现象。处理方法:①用软毛刷清除主板上的灰尘;②将主板送专业维修人员修理。

(2)检查主板是否存在短路。

故障表象:如果有导电物卡在主板的元器件之间,或者主板与机箱底板间少装了用于支撑主板的小铜柱,或者主板安装不当或机箱变形而使主板与机箱直接接触,都可能引发短路现象,使具有短路保护功能的电源自动切断电源供应,导致无法加电。处理方法:晃动机箱,用耳朵听是否有金属异响,再用目测法检查,将可能存在的导电物取出;如果主板安装不正确,重新正确安装主板;如果机箱变形,则建议矫正或更换。

3. 检查主板 BIOS

故障表象：主板 BIOS 被破坏。处理方法：可尝试用热插拔法解决（危险，不建议使用）或者找电脑商用写码器将 BIOS 更新文件写入 BIOS。

4. 检查各类板卡

检查各部件接插是否正确、接触是否良好（针对连接在主板上的所有板卡、连接线和其他连接设备）。故障表象：①接插方法或连接不正确；②接触不良；③主板无法识别内存、内存损坏或者内存不匹配。处理方法：①重新正确接插或连接；②重新插拔；用橡皮擦擦去板卡金手指表面的氧化层；换个插槽和连接头使用；③更换内存。

5. 检查 CMOS

（1）检查 CMOS 跳线，故障表象：将 CMOS 的跳线错误默认为 2、3 短路，即设为清除选项，或者设置成外接电池，使得 CMOS 数据无法保存。处理方法：将 CMOS 跳线改为 1、2 短路。

（2）检查 CMOS 电池，故障表象：CMOS 电池电压不足 3V。处理方法：更换 CMOS 电池。

（3）检查 CMOS 里设置的 CPU 频率，同时检查设置是否与实际的配置相符（如：磁盘参数、内存类型、CPU 参数、显示类型、温度设置、启动顺序等）。故障表象：CMOS 里设置的 CPU 频率不对；或设置与实际的配置不符。处理方法：使用清除 CMOS 的跳线，或将电池取下，以清除 CMOS，并根据需要更新 CMOS。

6. 检查主板驱动

（1）检查主板驱动，故障表象：主板驱动丢失、破损，造成部分设备不能正常驱动。处理方法：在"安全模式"下使用"设备管理器"重新安装主板自带的驱动。

（2）检查主板北桥芯片，故障表象：散热效果不佳，北桥芯片发烫。处理方法：可以自制散热片安上或加个散热效果好的机箱风扇。

7. 关上机箱

（1）断开主机机箱电源。
（2）安装好主机箱左、右侧面板。
（3）接通主机电源，试机。

9.2.4　主板常见故障分析及处理

1. 常见故障一：开机无显示

电脑开机无显示，首先我们要检查的就是 BIOS。主板的 BIOS 中储存着重要的硬件数据，同时 BIOS 也是主板中比较脆弱的部分，极易受到破坏，一旦受损就会导致系统无法运行，出现此类故障一般是因为主板 BIOS 被 CIH 病毒破坏造成（当然也不排除主板本身故障导致系统无法运行）。一般 BIOS 被病毒破坏后硬盘里的数据将全部丢失，所以我们可以通过检测硬盘数据是否完好来判断 BIOS 是否被破坏，如果硬盘数据完好无损，那么还有三种原因会造成开机无显示的现象：

（1）因为主板扩展槽或扩展卡有问题，导致插上诸如声卡等扩展卡后主板没有响应而无显示。

（2）免跳线主板在 CMOS 里设置的 CPU 频率不对，也可能会引发不显示故障。对此，只要清除 CMOS 即可予以解决。清除 CMOS 的跳线一般在主板的锂电池附近，其默认位置一般为 1、2 短路，只要将其改跳为 2、3 短路几秒钟即可解决问题，对于以前的老主板如若用户找不到该跳线，只要将电池取下，待开机显示进入 CMOS 设置后再关机，将电池装上去亦达到 CMOS 放电的目的。

（3）主板无法识别内存、内存损坏或者内存不匹配也会导致开机无显示的故障。某些老的主板比较挑剔内存，一旦插上主板无法识别的内存，主板就无法启动，甚至某些主板不给任何故障提示（鸣叫）。当然也有时候为了扩充内存以提高系统性能，结果插上不同品牌、类型的内存同样会导致此类故障的出现，因此在检修时，应多加注意。

2．常见故障二：CMOS 设置不能保存

此类故障一般是由于主板电池电压不足造成，对此予以更换即可，但有的主板电池更换后同样不能解决问题，此时有两种可能：

（1）主板电路问题，对此要找专业人员维修。

（2）主板 CMOS 跳线问题，有时候因为错误地将主板上的 CMOS 跳线设为清除选项，或者设置成外接电池，使得 CMOS 数据无法保存。

3．在 Windows 系统下安装主板驱动程序后出现死机或光驱读盘速度变慢的现象

在一些杂牌主板上有时会出现此类现象，将主板驱动程序装完后，重新启动计算机不能以正常模式进入 Windows 系统桌面，而且该驱动程序在 Windows 系统下不能被卸载。如果出现这种情况，建议找到最新的驱动重新安装，问题一般都能够解决，如果实在不行，就只能重新安装系统。

4．安装 Windows 系统或启动 Windows 系统时鼠标不可用

出现此类故障的软件原因一般是由于 CMOS 设置错误引起的。在 CMOS 设置的电源管理栏有一项 Modem Use IRQ 项目，它的选项分别为 3，4，5…，NA，一般它的默认选项为 3，将其设置为 3 以外的中断项即可。

5．电脑频繁死机，在进行 CMOS 设置时也会出现死机现象

在 CMOS 里发生死机现象，一般为主板或 CPU 有问题，如若按下法不能解决故障，那就只有更换主板或 CPU 了。

出现此类故障一般是由于主板 Cache 有问题或主板设计散热不良引起，例如芯片组为 815EP 主板上就曾发现因主板散热不够好而导致该故障的现象。在死机后触摸 CPU 周围主板元件，发现其非常烫手。在更换大功率风扇之后，死机故障得以解决。对于 Cache 有问题的故障，我们可以进入 CMOS 设置，将 Cache 禁止后即可顺利解决问题，当然，Cache 禁止后速度肯定会受到影响。

6．主板 COM 口或并行口、IDE 口失灵

出现此类故障一般是由于用户带电插拔相关硬件造成，此时用户可以用多功能卡代替，但在代替之前必须先禁止主板上自带的 COM 口与并行口（有的主板连 IDE 口都要禁止方能正常使用）。

9.3 如何处理内存的常见故障

9.3.1 内存常见故障现象

1. 电脑无法正常启动。
2. Windows 系统运行极不稳定,经常产生非法错误或死机。
3. Windows 注册表经常无故损坏,提示要求用户恢复。
4. Windows 经常自动进入安全模式。
5. 启动 Windows 时系统多次自动重新启动。
6. 内存加大后系统资源反而降低。

9.3.2 内存常见故障的基本处理步骤

1. 接通主机电源,查看故障现象

正常连接好计算机,按下主机箱电源开关;查看故障现象。

2. 电脑无法正常启动的故障处理

故障表象:蜂鸣器长时间发出短促的"滴滴"报警声,电脑无法启动,机箱电源指示灯亮,硬盘灯不亮。

(1)断开主机箱电源。

(2)卸下主机箱左、右侧面板;释放静电后,正面朝上摆放。

(3)检查内存条。

故障表象:①内存芯片表面有被烧毁的迹象,金手指、电路板等处有损坏的痕迹,内存烧毁或损坏;②内存金手指被氧化;③内存松动;④内存插槽损坏。处理方法:①更换内存条;②将内存拔出,用橡皮或无水酒精仔细擦拭金手指,待挥发后,再重新插入槽内;③将内存拔出后重新插入;④更换内存插槽。

3. 电脑可以启动的故障处理

故障表象:Windows 系统运行极不稳定,经常产生非法错误或死机;Windows 注册表经常无故损坏,提示要求用户恢复;Windows 经常自动进入安全模式;启动 Windows 时系统多次自动重新启动;内存加大后系统资源反而降低。

(1)断开主机箱电源。

(2)卸下主机箱左、右侧面板,释放静电后,正面朝上摆放。

(3)检查内存条。

故障表象:①内存类型不匹配;②内存质量有问题或与主板不兼容。处理方法:①更换成同类型内存条;②更换内存条。

4. 试机

(1)安装好主机箱左、右侧面板。

(2)连接好计算机,接通主机电源,试机。

9.3.3 内存的常见故障分析及处理

内存是电脑中最重要的配件之一,它的作用毋庸置疑,那么内存最常见的故障都有哪些呢?

1. 常见故障一:开机无显示

内存条出现此类故障一般是因为内存条与主板内存插槽接触不良造成,只要用橡皮擦来回擦拭其金手指部位即可解决问题(不要用酒精等清洗),还有就是内存损坏或主板内存槽有问题也会造成此类故障。由于内存条原因造成开机无显示故障,主机扬声器一般都会长时间蜂鸣(针对 Award Bios 而言)。

2. 常见故障二:Windows 注册表经常无故损坏,提示要求用户恢复

此类故障一般都是因为内存条质量不佳引起,很难予以修复,唯有更换。

3. 常见故障三:Windows 经常自动进入安全模式

此类故障一般是由于主板与内存条不兼容或内存条质量不佳引起,常见于高频率的内存用于某些不支持此频率内存条的主板上,可以尝试在 CMOS 设置内降低内存读取速度看能否解决问题,如若不行,那就只有更换内存条了。

4. 常见故障四:随机性死机

此类故障一般是由于采用了几种不同芯片的内存条,由于各内存条速度不同产生一个时间差从而导致死机,对此可以在 CMOS 设置内降低内存速度予以解决,否则,唯有使用同型号内存。还有一种可能就是内存条与主板不兼容,此类现象一般少见,另外也有可能是内存条与主板接触不良引起电脑随机性死机。

5. 常见故障五:内存加大后系统资源反而降低

此类现象一般是由于主板与内存不兼容引起,常见于高频率的内存用于某些不支持此频率的内存条的主板上,当出现这样的故障后可以试着在 COMS 中将内存的速度设置得低一点。

6. 常见故障六:运行某些软件时经常出现内存不足的提示

此现象一般是由于系统盘剩余空间不足造成,可以删除一些无用文件,多留一些空间即可,一般保持在 300M 左右为宜。

7. 常见故障七:从硬盘引导安装 Windows 进行到检测磁盘空间时,系统提示内存不足

此类故障一般是由于用户在 config. sys 文件中加入了 emm386. exe 文件,只要将其屏蔽掉即可解决问题。

9.4 如何处理硬盘的常见故障

硬盘是负责存储资料软件的仓库,硬盘的故障如果处理不当往往会导致系统的无法启动和数据的丢失,那么,我们应该如何应对硬盘的常见故障呢?

9.4.1 硬盘常见故障现象

1. 硬盘指示灯不亮。
2. 系统不认硬盘。
3. 硬盘无法读写或不能辨认。
4. 开机时硬盘无法自举,系统不认硬盘。
5. 自检时无硬盘,而硬盘本身在正常运作,但发热量巨大。
6. 系统无法启动。
7. 每次进入系统前都要自检。
8. 不定时发出有规律的"咔嗒"声。
9. 出现ＳＭＡＲＴ故障提示。

9.4.2 硬盘的常见故障分析及处理

1. 常见故障一:系统不认硬盘

系统从硬盘无法启动,从 A 盘启动也无法进入 C 盘,使用 CMOS 中的自动监测功能也无法发现硬盘的存在。这种故障大都出现在连接电缆或 IDE 端口上,硬盘本身故障的可能性不大,可通过重新插接硬盘电缆或者改换 IDE 口及电缆等进行替换试验,就会很快发现故障的所在。如果新接上的硬盘也不被接受,一个常见的原因就是硬盘上的主从跳线,如果一条 IDE 硬盘线上接两个硬盘设备,就要分清楚主从关系。

2. 常见故障二:硬盘无法读写或不能辨认

这种故障一般是由于 CMOS 设置故障引起的。CMOS 中的硬盘类型正确与否直接影响硬盘的正常使用。现在的机器都支持"IDE Auto Detect"的功能,可自动检测硬盘的类型。当硬盘类型错误时,有时干脆无法启动系统,有时能够启动,但会发生读写错误。比如 CMOS 中的硬盘类型小于实际的硬盘容量,则硬盘后面的扇区将无法读写,如果是多分区状态则个别分区将丢失。还有一个重要的故障原因,由于目前的 IDE 都支持逻辑参数类型,硬盘可采用"Normal,LBA,Large"等,如果在一般的模式下安装了数据,而又在 CMOS中改为其他的模式,则会发生硬盘的读写错误故障,因为其映射关系已经改变,将无法读取原来的正确硬盘位置。

3. 常见故障三:系统无法启动

造成这种故障通常是基于以下四种原因:

(1) 主引导程序损坏
(2) 分区表损坏
(3) 分区有效位错误
(4) DOS 引导文件损坏

其中,DOS 引导文件损坏最简单,用启动盘引导后,向系统传输一个引导文件就可以了。主引导程序损坏和分区有效位损坏一般也可以用 FDISK /MBR 强制覆写解决。分区表损坏就比较麻烦了,因为无法识别分区,系统会把硬盘作为一个未分区的裸盘处理,因此造成一些软件无法工作。Windows 系统的硬盘扫描程序 CHKDSK 对于因各种原因损坏的硬盘都有很好的修复能力,扫描完了基本上也修复了硬盘。

分区表损坏还有一种形式,这里我们称之为"分区映射",具体的表现是出现一个和活动分区一样的分区。例如80G的硬盘变成100G(映射了20G的C分区)。这种问题特别尴尬,这种问题不影响使用,不修复的话也不会有事,但要修复时,NORTON的DISKDOC-TOR和PQMAGIC却都对分区总容量和硬盘实际大小不一致视而不见。对付该问题,只有GHOST覆盖和用NORTON的拯救盘恢复分区表。

4. 常见故障四:硬盘出现坏道

这是个非常严重的故障。当你用Windows系统自带的磁盘扫描程序SCANDISK扫描硬盘的时候,系统提示说硬盘可能有坏道,随后闪过一片恐怖的蓝色,一个个小黄方块慢慢地伸展开,然后,在某个方块上被标上一个"B",其实,这些坏道大多是逻辑坏道,是可以修复的。那么,当出现这样问题的时候,我们应该怎样处理呢?一旦用"SCAN-DISK"扫描硬盘时如果程序提示有了坏道,首先应该重新使用各品牌硬盘自己的自检程序进行完全扫描。如果检查的结果是"成功修复",那可以确定是逻辑坏道;假如不是,那就没有什么修复的可能了,如果你的硬盘还在保质期,那可以联系售后服务免费更换新硬盘。

由于逻辑坏道只是将簇号作了标记,以后不再分配给文件使用。如果是逻辑坏道,只要将硬盘重新格式化就可以了。但为了防止格式化可能的丢弃现象(因为簇号上已经作了标记表明是坏簇,格式化程序可能没有检查就接受了这个"现实",于是丢弃该簇),最好还是重分区。

5. 常见故障五:硬盘容量与标称值明显不符

一般来说,硬盘格式化后容量会小于标称值,但此差距绝不会超过20%,如果两者差距很大,则应该在开机时进入BIOS设置。在其中根据你的硬盘作合理设置。如果还不行,则说明可能是你的主板不支持大容量硬盘,此时可以尝试下载最新的主板BIOS并进行刷新来解决。此种故障多在大容量硬盘与较老的主板搭配时出现。另外,由于突然断电等原因使BIOS设置产生混乱也可能导致这种故障的发生。

6. 常见故障六:无论使用什么设备都不能正常引导系统

这种故障一般是由于硬盘被病毒的"逻辑锁"锁住造成的,"硬盘逻辑锁"是一种很常见的恶作剧手段。中了逻辑锁之后,无论使用什么设备都不能正常引导系统,甚至是软盘、光驱、挂双硬盘都一样没有任何作用。

"逻辑锁"的上锁原理:计算机在引导DOS系统时将会搜索所有逻辑盘的顺序,当DOS被引导时,首先要去找主引导扇区的分区表信息,然后查找各扩展分区的逻辑盘。"逻辑锁"修改了正常的主引导分区记录,将扩展分区的第一个逻辑盘指向自己,使得DOS在启动时查找到第一个逻辑盘后,查找下个逻辑盘总是找到自己,这样一来就形成了死循环。给"逻辑锁"解锁比较容易的方法是"热拔插"硬盘电源。就是当系统启动时,先不给被锁的硬盘加电,启动完成后再给硬盘"热插"上电源线,这样系统就可以正常控制硬盘了。但这是一种非常危险的方法,为了降低危险程度,碰到"逻辑锁"后,大家最好依照下面几种比较简单和安全的方法处理。

(1)首先准备一张启动盘,然后在其他正常的机器上使用二进制编辑工具(推荐Ultra-

Edit)修改软盘上的 IO. SYS 文件(修改前记住先将该文件的属性改为正常),具体是在这个文件里面搜索第一个"55AA"字符串,找到以后修改为任何其他数值即可。用这张修改过的系统软盘你就可以顺利地带着被锁的硬盘启动了。不过这时由于该硬盘正常的分区表已经被破坏,你无法用"Fdisk"来删除和修改分区,这时你可以用 Diskman 等软件恢复或重建分区即可。

(2) DM 是不依赖于主板 BIOS 来识别硬盘的硬盘工具,就算在主板 BIOS 中将硬盘设为"NONE",DM 也可识别硬盘并进行分区和格式化等操作,所以我们也可以利用 DM 软件为硬盘解锁。首先将 DM 拷到一张系统盘上,接上被锁硬盘后开机,按"Del"键进入 BIOS 设置,将所有 IDE 接口设为"NONE"并保存后退出,然后用软盘启动系统,系统即可"带锁"启动,因为此时系统根本就等于没有硬盘。启动后运行 DM,你会发现 DM 可以识别出硬盘,选中该硬盘进行分区格式化就可以了。这种方法简单方便,但是有一个致命的缺点,就是硬盘上的数据保不住了。

7. 常见故障七:开机时系统不认硬盘

产生这种故障的主要原因是硬盘主引导扇区数据被破坏,表现为硬盘主引导标志或分区标志丢失。这种故障的罪魁祸首往往是病毒,它将错误的数据覆盖到了主引导扇区中。市面上一些常见的杀毒软件和操作系统安装盘都提供了修复硬盘的功能,我们可以借助里面的硬盘修复工具来修复硬盘,重新引导硬盘的启动分区。

9.4.3　硬盘使用时的注意事项

1. 硬盘正在读写时不可突然断电

硬盘读写操作时,处于高速旋转之中(目前通常为 7 200 转/分钟或 5 400 转/分钟),若突然断电,可能会导致磁头与盘片猛烈摩擦而损坏硬盘。因此不要突然关机,只有当硬盘指示灯停止闪烁、硬盘结束读写后方可关机。

2. 注意保持环境卫生

保持计算机运行的良好环境,减少空气中的潮湿度和含尘量。一般计算机用户不能自行拆开硬盘盖,否则空气中的灰尘进入硬盘内,在磁头进行读、写操作时划伤盘片或磁头。所以当硬盘出现故障时,切勿自行拆卸硬盘外壳,应该交送专业厂家修理。

3. 注意硬盘防震

硬盘是一种高精设备,工作时磁头在盘片表面的浮动高度只有几微米。当硬盘处于读写状态时,一旦发生较大的震动,就可能造成磁头与盘片的撞击,导致损坏。所以不要搬动运行中的计算机。在硬盘的安装、拆卸过程中应多加小心,硬盘移动、运输时严禁磕碰,最好用泡沫或海绵包装保护一下,尽量减少震动。

4. 注意控制环境温度

使用硬盘时应注意防高温、防潮、防电磁干扰。硬盘工作时会产生一定热量,使用中存在散热问题。温度以 20～25℃ 为宜,温度过高或过低都会使晶体振荡器的时钟主频发生改变。温度还会造成硬盘电路元件失灵,磁介质也会因热胀效应而造成记录错误;温度过低,空气中的水分会被凝结在集成电路元件上,造成短路。湿度过高时,电子元件表面可能会吸附一层水膜,氧化、腐蚀电子线路,以致接触不良,甚至短路,还会使磁介质的磁力发生变化,造成数据的读写错误。湿度过低,容易积累大量的因机器转动而产生的静电荷,这些静电会烧坏 CMOS 电路,吸附灰尘而损坏磁头、划伤磁盘片。机房内的湿度以 45%～65% 为宜。注意使空气保持干燥或经常给系统加电,靠自身发热将机内水汽蒸发掉。另外,尽量不要使硬盘靠近强磁场,如音箱、喇叭、电机、电台、手机等,以免硬盘所记录的数据因磁化而损坏。

5. 养成使用与整理硬盘的好习惯

根目录一般存放系统文件和子目录,尽量少存放其他文件。要经常运行 Windows 的磁盘碎片整理程序对硬盘进行整理。注意经常删除"垃圾站"与"\WINDOWS\TEMP"目录中的临时文件。

6. 防止计算机病毒对硬盘的破坏

硬盘是计算机病毒攻击的重点目标,应注意利用最新的杀毒软件对病毒进行防范。并注意对重要的数据进行保护和经常性的备份。

7. 硬盘的拿法

硬盘拿在手上时别磕碰,这只是要求之一;另一个忌讳是"静电"。气候干燥时极易产生静电,在这种情况下若不小心用手触摸硬盘背面的电路板,则"静电"就有可能会伤害到硬盘上的电子元件,导致无法正常运行。正确姿势应该是以手抓住硬盘两侧,并避免与其背面的电路板直接接触。此外,有些厂商会在其硬盘外部包上一层护膜,此护膜除具备防震功能外,更把电路板保护于其中,如此使用者在拿取硬盘时就可以少一些顾忌了。

9.4.4 常见的硬盘故障信息提示(如表 9-1 所示)

表 9-1 常见硬盘故障信息表

序号	故障信息提示	具体含义	产生原因	解决办法
1	No Partition Bootable	没有分区表	硬盘未分区或分区表信息丢失(可能是病毒引起的)	先杀毒,再用 DOS 启动后执行 FDISK 命令重新分区
2	No Rom Basic 或 Press Key to Reboot	找不到引导系统	未设置活动分区(Set Active Partition),不排除病毒原因	先杀毒,再重新运行 FDISK 并设置活动分区
3	Missing Operation System	找不到引导系统	硬盘未格式化或丢失三大文件系统	Format c:/s 或 sys c:
4	Non-System Disk or Disk Error	非系统盘或者磁盘错误	使用非系统盘引导	取出软盘用硬盘引导或插入系统盘
5	Bad or Missing Command Interpreter 或 Command.com Is Bad Command.com	文件读出错或丢失 Command.com	文件因误操作而被删除或是病毒的破坏	将 Command.com 文件拷贝到硬盘上,或者使用 SYS C:命令传输文件。也可以使用 NDD 等工具软件来修复

序号	故障信息提示	具体含义	产生原因	解决办法
6	Cannot Load Command.com,System Halted	装载失败	Command.com 文件被破坏或者 Command.com 文件的版本与引导系统不兼容	重新拷贝该文件到硬盘上,有时需要杀毒
7	Disk Boot Failure	硬盘引导失败	产生的原因很多,可能是硬盘发生问题	先将硬盘拿到其他机器上试一试,若正常,则主板上硬盘接口有故障,若仍无法引导,则硬盘有故障

9.5 如何处理光驱的常见故障

9.5.1 光驱常见故障现象

1. 开机自检,不能检测到光驱。

2. 进入系统以后检测不到光驱盘符。

3. 安装光驱后影响硬盘速度。

4. 在启动计算机时光驱有时能找到,有时找不到;也有的时候在计算机光驱读盘过程中,光驱突然丢失。

5. 光驱的读盘性能不稳定。

6. 光驱卡住无法弹出。

7. 当光驱认到盘后,开始读盘时,一高速旋转,系统就重启。

8. 光驱会莫名其妙地自动弹出弹入。

9. 系统能够正常启动,但是一读光盘就蓝屏或死机。

10. 光驱读盘时有很大噪音。

11. 提示窗口:"安装文件时发生输入/输出错误,这通常是因为安装介质或安装文件损坏引起的。"

9.5.2 光驱故障的分类

一般来说,光驱常见故障主要有三类:操作故障、偶然性故障和必然性故障。

1. 操作错误引起的故障

例如驱动出错或安装不正确造成在 Windows 或 DOS 中找不到光驱;光驱连接线或跳线错误使光驱不能使用;CD 线没连接好无法听 CD;光驱未正确放置在托盘上造成光驱不读盘;光盘变形或脏污造成画面不清晰或停顿或马赛克现象严重;拆卸不当造成光驱内部各种连线断裂或松脱而引起故障等。对于这类故障只要认真检查,一般都能很快排除。

2. 外力人为因素引起的硬件故障

光驱随机发生的故障,如机内集成电路,电容、电阻、晶体管等元器件早期失效或突然性损坏,或一些运动频繁的机械零部件突然损坏,这类故障虽不多见,但必须经过维修及更换才能将故障排除,所以偶然性故障又被称为"真"故障。

3. 必然性故障

光驱在使用一段时间后必然发生的故障,主要有:激光二极管老化,读碟时间变长甚至不能读碟;激光头组件中光学镜头脏污、性能变差等,造成音频、视频失真或死机;机械传动机构因磨损、变形、松脱而引起故障。

必然性故障又分为初期性故障、中期性故障和后期性故障三类。初期必然性故障指光驱在出厂后存放运输或使用不当在保换(修)期内出现的故障;中期必然性故障指光驱在使用1~2年后出现的故障;后期必然性故障指光驱在使用3~5年后出现的故障。需要说明的是必然性故障的维修率不仅取决于产品的质量,而且还取决于用户的人为操作和保养及使用频率与环境。

9.5.3 光驱常见故障的基本处理步骤

1. 接通主机电源,查看故障现象

正常连接好计算机,按下主机箱电源开关;查看故障现象。

2. 不同类型故障的处理

(1)"开机自检,不能检测到光驱"故障的处理。

原因分析:①光驱排线的连接不正确、不牢靠,光驱的供电线未插好;②光驱(主、从)跳线不正确;③光驱接口设置为不正确。处理方法:①按照正确的方法连接光驱排线;检查光驱的数据线、电源线的连接,保证数据线和电源线的可靠连接;②如果光驱和硬盘使用同一条数据线,则将硬盘跳线设置为"Master",将光驱跳线设置为"Slave",否则将硬盘与光驱分别用不同的数据线连接,各自占用一个接口,两者都可设定为 Master;③将 BIOS 中的光驱接口设置为"Auto",或者选择"SATA+PATA"。

(2)"进入系统以后检测不到光驱盘符"的故障处理。

原因分析:①在安全模式下进入了操作系统;②电脑感染了病毒;③虚拟光驱发生冲突;④Windows操作系统自带的光驱驱动程序失效。处理方法:①安全模式下进入属于正常现象;②清除病毒,重新安装主板驱动;③硬件配置文件设置的可用盘符太少了,使用记事本程序打开 C 盘根目录下的"Config. sys"文件,加入"LASTDRIVE=Z",保存退出,重启后即可;④进入控制面板,重新添加新硬件;或者进入控制面板,删除硬盘控制器,重新启动计算机。

(3)"安装光驱后影响硬盘速度"故障的处理。

原因分析:硬盘与光驱使用同一根数据线,共用同一个接口。处理方法:将硬盘与光驱分别用不同的数据线连接,各自占用一个接口,两者跳线可以都设定为"Master"。

(4)"在启动计算机时光驱有时能找到,有时找不到;也有的时候在计算机光驱读盘过程中,光驱突然丢失"的故障处理。

原因分析:①激光头读盘性能不稳定或者是光驱电路板上的芯片散热不良;②光驱供电不正常;③光驱数据线连接不正常;④主板的接口或者南桥芯片性能不良;⑤BIOS 的光驱设置错误;⑥早期的光驱不支持 DMA。处理方法:①更换光驱或改善光驱的散热条件;②先检查光驱的供电端插头,与光驱的电源接口接触是否良好,插头内的金属簧片是否有氧化现象,插头另一端的导线紧固是否牢靠;其次是光驱内部的电源接口与电路板的焊接部分是否因经常拔插而松动虚接;③先检查数据线安装是否正确或者松动,必要时可更换数据线;再检查主板和光驱的接口,是否存在断针或弯针、短针,或有杂物的情况;④接口焊接不良,重新焊接;如果更换了光驱和数据线,此问题仍然存在;再把硬盘和光驱交换位置后,依然表现为硬盘读盘正常,而光驱丢失时,那就可以断定是主板问题了;⑤调整 BIOS 的光驱设置为 SATA ＋PATA 模式;⑥将光驱的 DMA 接口关闭,完成并保存设置后,重新启动电脑即可。

(5)"光驱的读盘性能不稳定"的故障处理。

原因分析:①光驱的供电不正常;②系统感染了病毒,禁止光盘的读取;③光驱内有不固定的微小杂物;④激光头老化。处理方法:①测量光驱的供电电压,必要时更换电源;②使用杀毒软件清除病毒;③拆开光驱,清除微小杂物;④调整光驱激光头附近的电位调节器,加大电阻改变电流的强度使发射管的功率增加,提高激光的亮度,从而提高光驱的读盘能力。

(6)"光驱卡住无法弹出"的故障处理。

原因分析:①光驱皮带上有杂物或者错位;②光驱托盘边的锯齿错位。处理方法:①将光驱从机箱卸下并使用十字螺丝刀拆开,通过紧急弹出孔弹出光驱托盘,卸掉光驱的上盖和前盖。②清除皮带上的杂物,对于错位的皮带可卸下后重新安装,必要时可以给皮带和连接马达的末端上油;③检查光驱托盘两边的锯齿是否错位,如果错位建议矫正,必要时可给锯齿上油。

(7)"当光驱认到盘后,开始读盘时,一高速旋转,系统就重启"的故障处理。

原因分析:①主机上网时被黑客控制;②主板故障。处理方法:①更换电源;②检查主板接口是否有故障。

(8)"光驱会莫名其妙地自动弹出弹入"的故障处理。

原因分析:①电源功率不足;②光驱的弹出按钮开关性能不良。处理方法:①安装防火墙软件,阻止黑客入侵系统;②更换光驱弹出按钮。

(9)"系统能够正常启动,但是一读光盘就蓝屏或死机"的故障处理。

原因分析:①光驱的读盘能力差;②光盘被划伤;③光驱被打开了 DMA 通道,但早期光驱不支持 DMA 通道技术。处理方法:①更换光驱或者顺时针调节光驱激光头附近的电位调节器,提高光驱的读盘能力;②更换光盘;③关闭光驱的 DMA 通道。

(10)"光驱读盘时有很大噪音"的故障处理。

原因分析:①光驱的读盘能力差;②光盘的质量太差或者表面污损严重;③光驱的倍速过高。

处理方法:①更换光驱或者顺时针调节光驱激光头附近的电位调节器,提高光驱的读盘能力;②更换正版光盘或者清理光盘表面;③降低光驱的倍速。

(11)提示窗口:"安装文件时发生输入、输出错误,这通常是因为安装介质或安装文件损坏引起的"的故障处理。

原因分析:①光驱数据线受损;②光驱的读盘能力差。处理方法:①更换光驱数据线;②顺时针调节光驱激光头附近的电位调节器,提高光驱的读盘能力。

3. 试机

(1)安装好主机箱左、右侧面板。

(2)连接好计算机,接通主机电源,试机。

9.6   如何处理显卡及显示器的常见故障

9.6.1   显卡常见故障现象

1. 开机无显示。
2. 显示花屏,看不清字迹。
3. 颜色显示不正常。
4. 死机。
5. 屏幕出现异常杂点或图案。
6. 显卡驱动程序丢失。

9.6.2   显示器常见故障现象

1. 出现偏色。
2. 无法调整刷新频率。
3. 屏幕抖动。

9.6.3   显卡常见故障的基本处理步骤

1. 接通主机电源,查看故障现象。
2. 不同类型故障的处理。
(1)"开机无显示"的故障处理。
(2)"显示花屏,看不清字迹"的故障处理。
(3)"颜色显示不正常"的故障处理。
(4)"死机"的故障处理。
(5)"屏幕出现异常杂点或图案"的故障处理。
(6)"显卡驱动程序丢失"的故障处理。
3. 试机。

9.6.4   显示器常见故障的基本处理步骤

1. 接通主机电源,查看故障现象。
2. 不同类型故障的处理。
(1)"出现偏色"的故障处理。
(2)"无法调整刷新频率"的故障处理。
(3)"屏幕抖动"的故障处理。
3. 试机。

9.6.5   显卡及显示器的常见故障分析及处理

1. 常见故障一:开机无显示

此类故障一般是因为显卡与主板接触不良或主板插槽有问题造成。对于一些集成显卡的主板,如果显存共用主内存,则需注意内存条的位置,一般在第一个内存条插槽上应插有内存条。由于显卡原因造成的开机无显示故障,开机后一般会发出一长两短的蜂鸣声(对于 AWARD BIOS 显卡而言)。

2. 常见故障二:显示花屏,看不清字迹

此类故障一般是由于显示器或显卡不支持高分辨率而造成的。花屏时可切换启动模式到安全模式,然后再在 Windows 系统下进入显示设置,在 16 色状态下点选"应用"、"确定"按钮。重新启动,在 Windows 系统正常模式下删掉显卡驱动程序,重新启动计算机即可。也可不进入安全模式,在纯 DOS 环境下,编辑 SYSTEM. INI 文件,将 display. drv＝pnpdrver 改为 display. drv＝vga. drv 后,存盘退出,再在 Windows 里更新驱动程序。

3. 常见故障三:颜色显示不正常,此类故障一般有以下原因

(1) 显卡与显示器信号线接触不良。

(2) 显示器自身故障。

(3) 在某些软件里运行时颜色不正常,一般常见于老式机,在 BIOS 里有一项校验颜色的选项,将其开启即可。

(4) 显卡损坏。

(5) 显示器被磁化,此类现象一般是由于与有磁性能的物体过分接近所致,磁化后还可能会引起显示画面出现偏转的现象。

4. 常见故障四:死机

出现此类故障一般多见于主板与显卡的不兼容或主板与显卡接触不良;显卡与其他扩展卡不兼容也会造成死机。

5. 常见故障五:屏幕出现异常杂点或图案

此类故障一般是由于显卡的显存出现问题或显卡与主板接触不良造成。需清洁显卡金手指部位或更换显卡。

6. 常见故障六:显卡驱动程序丢失

显卡驱动程序载入,运行一段时间后驱动程序自动丢失,此类故障一般是由于显卡质量不佳或显卡与主板不兼容,使得显卡温度太高,从而导致系统运行不稳定或出现死机,此时建议更换显卡。

9.6.6　显卡性能三要素

1. 显卡位宽

显卡的性能主要体现在显存位宽、显存频率、显存容量。在这三个方面中显存位宽影响着渲染等效果的好坏,并且影响巨大。显存位宽是显存在一个时钟周期内所能传送数据的位数,位数越大则瞬间所能传输的数据量越大,这是显存的重要参数之一。目前市场上的显存位宽有 64 位、128 位和 256 位三种,人们习惯上叫的 64 位显卡、128 位显卡和 256 位显卡就是指其相应的显存位宽。显存位宽越高,性能越好,价格也就越高,因此 256 位宽的显存更多应用于高端显卡,而主流显卡基本都采用 128 位显存。

2. 显存频率

显存频率是指默认情况下,该显存在显卡上工作时的频率,以 MHz(兆赫兹)为单位。显存频率一定程度上反应着该显存的速度。显存频率随着显存的类型、性能的不同而不同,SDRAM 显存一般都工作在较低的频率上,一般就是 133 MHz 和 166 MHz,此种频率早已无法满足现在显卡的需求。DDR SDRAM 显存则能提供较高的显存频率,主要在中低端显卡上使用,DDR2 显存由于成本高并且性能一般,因此使用量不大。DDR3 显存是目前高端显卡采用最为广泛的显存类型。不同显存能提供的显存频率也差异很大,主要有 400 MHz、500 MHz、600 MHz、650 MHz 等,高端产品中还有 800 MHz、1 200 MHz、1 600 MHz,甚至更高。

3. 显存容量

显存容量是显卡上显存的容量数,这是选择显卡的关键参数之一。显存容量决定着显存临时存储数据的多少,显卡显存容量有 128 MB、256 MB、512 MB、1 024 MB 几种,64 MB 和 128 MB 显存的显卡现在已较为少见,主流的是 512MB 和 1GB 的产品,还有部分产品采用了 2 GB 的显存容量。显存容量的大小决定着显存临时存储数据的能力,在一定程度上也会影响显卡的性能。显存容量也是随着显卡的发展而逐步增大的,并且有越来越增大的趋势。显存容量从早期的 512 KB、1 MB、2 MB 等极小容量,发展到 8 MB、12 MB、16 MB、32 MB、64 MB、128 MB,一直到目前主流的 256 MB、512 MB 和高档显卡的 1 024 MB,某些专业显卡甚至已经具有 2 GB 的显存了。

9.7 如何处理声卡的常见故障

9.7.1 声卡常见故障现象

1. 声卡无声。
2. 播放 CD 无声。
3. 播放 MIDI 无声。
4. 无法播放 WAV 音频文件。
5. 播放时有噪音。
6. 爆音问题。
7. 安装新的 Direct X 之后,声卡不发声。
8. 声卡不能录音。
9. 声卡在播放任何音频文件时都类似快进效果。
10. BIOS 设置。

9.7.2 声卡的常见故障分析及处理

1. 常见故障一:声卡无声

出现这种故障常见的原因有:

(1)驱动程序默认输出为"静音"。单击屏幕右下角的声音小图标(小喇叭),出现音量调节滑块,下方有"静音"选项,单击前边的复选框,清除框内的对号,即可正常发音。

（2）声卡与其他插卡有冲突。解决办法是调整 PnP 卡所使用的系统资源,使各卡互不干扰。有时,打开"设备管理",虽然未见黄色的惊叹号（冲突标志）,但声卡就是不发声,其实也是存在冲突,只是系统没有检查出来。

（3）安装了 Direct X 后声卡不能发声了。说明此声卡与 Direct X 兼容性不好,需要更新驱动程序。

（4）一个声道无声。检查声卡到音箱的音频线是否有断线。

2. 常见故障二:声卡发出的噪音过大

出现这种故障常见的原因有:

（1）插卡不正。由于机箱制造精度不够高、声卡外挡板制造或安装不良导致声卡不能与主板扩展槽紧密结合,目视可见声卡上"金手指"与扩展槽簧片有错位。这种现象在 ISA 卡或 PCI 卡上都有,属于常见故障,一般可用钳子校正。

（2）有源音箱输入接在声卡的 Speaker 输出端。对于有源音箱,应接在声卡的 Line Out 端,它输出的信号没有经过声卡上的功放,噪声要小得多。有的声卡上只有一个输出端,是 Line Out 还是 Speaker 要靠卡上的跳线决定,厂家的默认方式常是 Speaker,所以要拔下声卡调整跳线。

（3）Windows 系统自带的驱动程序不好。在安装声卡驱动程序时,要选择"厂家提供的驱动程序"而不要选"Windows 系统默认的驱动程序",如果用"添加新硬件"的方式安装,要选择"从磁盘安装"而不要从列表框中选择。如果已经安装了 Windows 系统自带的驱动程序,可选"控制面板→系统→设备管理→声音、视频和游戏控制器",点中各分设备,选"属性→驱动程序→更改驱动程序→从磁盘安装"。这时插入声卡附带的磁盘或光盘,装入厂家提供的驱动程序。

3. 常见故障三:声卡无法"即插即用"

计算机在 Windows 系统下检测到即插即用设备却帮你安装驱动程序,这个驱动程序一般是不能用的,以后,每次当你删掉重装都会重复这个问题,并且不能用"添加新硬件"的方法解决。对于 PnP 声卡的安装（也适用于不能用上述 PnP 方式安装的 PnP 声卡）,方法如下:进入"控制面板"→"添加新硬件"→"下一步",当提示"需要 Windows 搜索新硬件吗?"时,选择"否",而后从列表中选取"声音、视频和游戏控制器"用驱动盘或直接选择声卡类型进行安装。

4. 常见故障四:播放 CD 无声

（1）完全无声。用 Windows 系统的"CD 播放器"放 CD 无声,但"CD 播放器"又工作正常,这说明是光驱的音频线没有接好。使用一条 4 芯音频线连接 CD - ROM 的模拟音频输出和声卡上的 CD - in 即可,此线在购买 CD - ROM 时会附带。

（2）只有一个声道出声。光驱输出口一般左右两线信号,中间两线为地线。由于音频信号线的 4 条线颜色一般不同,可以从线的颜色上找到一一对应接口。若声卡上只有一个接口或每个接口与音频线都不匹配,只好改动音频线的接线顺序,通常只把其中 2 条线对换即可。

5. 常见故障五:PCI 声卡出现爆音

一般是因为 PCI 显卡采用 Bus Master 技术造成挂在 PCI 总线上的硬盘读写、鼠标移动等操作时放大了背景噪声的缘故。解决方法：关掉 PCI 显卡的 Bus Master 功能，换成 AGP 显卡，将 PCI 声卡换插槽上。

6. 常见故障六：无法正常录音

首先检查麦克风是否错插到其他插孔中了，其次，双击小喇叭，选择选单上的"属性→录音"，看看各项设置是否正确。接下来在"控制面板→多媒体→设备"中调整"混合器设备"和"线路输入设备"，把它们设为"使用"状态。如果"多媒体→音频"中"录音"选项是灰色的那可就糟了，当然也不是没有挽救的余地，你可以试试"添加新硬件→系统设备"中的添加"ISA Plug and Play bus"，索性把声卡随卡工具软件安装后重新启动。

7. 常见故障七：无法播放 Wav 音乐、Midi 音乐

不能播放 Wav 音乐现象比较罕见，常常是由于"多媒体"→"设备"下的"音频设备"不止一个，禁用一个即可；无法播放 MIDI 文件则可能有以下 3 种可能：

（1）早期的 ISA 声卡可能是由于 16 位模式与 32 位模式不兼容造成 MIDI 播放的不正常，通过安装软件波表的方式应该可以解决。

（2）如今流行的 PCI 声卡大多采用波表合成技术，如果 MIDI 部分不能放音则很可能因为没有加载适当的波表音色库。

（3）Windows 音量控制中的 MIDI 通道被设置成了静音模式。

8. 常见故障八：PCI 声卡在 Windows 系统下使用不正常

有些用户反映，在声卡驱动程序安装过程中一切正常，也没有出现设备冲突，但在 Windows 系统下面就是无法出声或是出现其他故障。这种现象通常出现在 PCI 声卡上，请检查一下安装过程中把 PCI 声卡插在哪条 PCI 插槽上。有些朋友出于散热的考虑，喜欢把声卡插在远离 AGP 插槽，靠近 ISA 插槽的那几条 PCI 插槽中。问题往往就出现在这里，因为 Windows 系统有一个漏洞：有时只能正确识别插在 PCI-1 和 PCI-2 两个槽的声卡。而在 ATX 主板上紧靠 AGP 的两条 PCI 才是 PCI-1 和 PCI-2（在一些 ATX 主板上恰恰相反，紧靠 ISA 的是 PCI-1），所以如果没有把 PCI 声卡安装在正确的插槽上，问题就会产生了。

9.8 如何处理键盘和鼠标的常见故障

9.8.1 键盘常见故障现象

1. 键盘自检出错。
2. 键盘没有任何反应。
3. 键盘按键不灵或个别字符无法输入。

9.8.2 鼠标常见故障现象

1. 找不到鼠标。
2. 鼠标光标无法移动或鼠标按键失灵。
3. 鼠标按键失灵。
4. 鼠标指针不能和鼠标很好同步。

5. 鼠标引起的异常关机。

9.8.3 键盘常见故障的处理步骤

1. 接通主机电源,查看故障现象

正常连接好计算机,按下主机箱电源开关;查看故障现象。

2. 不同类型故障的处理

(1)"键盘自检出错"的故障处理

故障现象:在计算机开机自检时,屏幕提示:Keyboard Error。原因分析:①键盘接口接触不良;②键盘硬件故障;③病毒破坏;④主板接口故障。处理方法:①拔插键盘与主机接口的插头,检查是否接触良好;②用"替换法"换用一个正常的键盘与主机相连,再次开机,检查是否键盘硬件故障;③使用杀毒软件查杀病毒,检查是否受病毒破坏;④检修主板接口或更换主板。

(2)"键盘没有任何反应"的故障处理

故障现象:计算机启动自检时键盘的"Num Lock"灯亮,"Caps Lock"灯闪了一下,正常启动后键盘不起任何作用。原因分析:①键盘接口损坏;②主板键盘接口损坏。处理方法:①检查键盘插口中的针是否有弯曲短路现象;②检查主板是否积聚灰尘,或有烧毁、损坏的地方,或主板键盘接口是否虚焊或脱落。

(3)"键盘按键不灵或个别字符无法输入"的故障处理

故障现象:"键盘按键不灵"时,表现为:用力敲时字符输入正常,轻敲时无反应;"个别字符无法输入"时,表现为:任意敲字符都无法正常输入。原因分析:①按键不灵的键存在虚焊或脱焊;②按键不灵的键的导电塑胶有污垢或损坏;③键盘内部芯片故障;④按键失效;⑤焊接点失效。处理方法:①检查失灵键焊接点是否存在虚焊或脱焊,若有则使用电烙铁进行补焊;②使用浓度在97%以上的酒精擦洗,若导电塑胶有损坏,可以把不常用按键上的导电塑胶换到已损坏的部分;③若有多个不在同一行,不在同一列的字符不能输入时,建议更换键盘;④更换失效按键;⑤使用电烙铁进行补焊。

3. 试机

(1)安装好主机箱左、右侧面板。

(2)连接好计算机,接通主机电源,试机。

9.8.4 鼠标常见故障的处理步骤

1. 接通主机电源,查看故障现象

正常连接好计算机,按下主机箱电源开关;查看故障现象。

2. 不同类型故障的处理

(1)"找不到鼠标"的故障处理

故障现象:找不到鼠标。原因分析:①鼠标彻底损坏;②鼠标与主机的接口接触不良;③主板上的鼠标接口损坏;④鼠标线路接触不良。处理方法:①更换新的鼠标;②重新插拔连接线,确保连接线接触良好;③更换主板或改用串口连接鼠标;④打开鼠标,使用电烙铁将鼠标电路板各焊点焊好。

（2）"鼠标按键失灵"的故障处理

故障现象：①鼠标按键无动作；②鼠标按键无法正常弹起。原因分析：①鼠标按键和电路板上的微动开关距离太远或点击开关经过一段时间的使用而反弹能力下降；②按键下方微动开关中的碗形接触片断裂。处理方法：①拆开鼠标，在鼠标按键的下面粘上一块厚度适中的塑料片；②拆开鼠标，更换碗形接触片（簧片），或更换微动开关。

（3）"鼠标指针不能和鼠标很好同步"的故障处理

故障现象：移动鼠标时鼠标指针轻微抖动，不能和鼠标很好同步，偶尔鼠标不动，而屏幕上鼠标指针水平或垂直方向匀速移动，但速度较快。原因分析：鼠标中红外发射管与栅轮齿及红外接收组件三者之间的相对位置不当，同时主机通过接口送出的电源电压与鼠标匹配不好。处理方法：打开鼠标，调整故障对应方向红外发射管、红外接收组件与栅轮的相对位置。

（4）"鼠标引起的异常关机"的故障处理

故障现象：每次打开"我的电脑"就异常掉电关机。原因分析：鼠标连线中的细导线绝缘层破损，导致金属导线短路。处理方法：将几条细导线分别理好，用绝缘胶布粘好。

3. 试机

（1）安装好主机箱左、右侧面板。

（2）连接好计算机，接通主机电源，试机。

习 题

一、填空题

1. 计算机系统故障分为_____故障和_____故障。

2. 硬件维修分为板级维修和_____维修，即_____和一级维修。

3. 计算机上的 Reset 键的功能是_____。

4. 计算机软件系统故障主要有：_____、_____和病毒故障三大类。

5. 计算机硬件检修最基本的工具是_____。

6. 计算机主板最常见的故障主要有_____故障、_____故障、_____故障和_____故障。

7. 硬盘的故障主要包括_____和_____。

8. 硬盘逻辑锁是指_____。

9. 激光打印机由_____、_____、_____和_____四大部分组成。

10. 主板复位电路的作用是_____。

二、选择题

1. 下列_____属于一级维修。

A. 最小系统法　　B. 拔插法　　　　C. 原理分析法　　D. 替换法

2. 一台计算机开机后既无报警声也无图像，电源指示灯不亮，应该先从_____方面入手检查计算机。

A. 主板　　　　　B. 电源　　　　　C. 显卡　　　　　D. 内存

3. 在维修计算机时，一般可以通过_____来引导系统进入 DOS 状态。

A. Windows 98 启动盘   B. 主板诊断卡

C. 万用表   D. 杀毒软件

4. 计算机维修最常用的基本工具是_____。

A. 十字起子   B. 镊子   C. 钳子   D. 万用表

5. 下列_____与计算机的安全运行关系不大。

A. 温度   B. 湿度   C. 电压   D. 气压

6. 主板 CPU 复位信号由_____产生。

A. 北桥芯片   B. 南桥芯片   C. I/O 芯片   D. BIOS 芯片

7. PCI 总线属于_____。

A. 局部总线   B. 系统总线   C. 内部总线   D. 外部总线

8. 恢复硬盘主分区表的命令是_____。

A. fdisk/mbr   B. regedit   C. convert C   D. sys C

9. 光驱最常见的故障是_____。

A. 激光头脏污   B. 不能进出仓盒   C. 光盘不转   D. 挑盘

10. LED 显示器在显示动画时有拖尾现象，说明_____性能指标比较低。

A. 高度   B. 对比度   C. 响应时间   D. 刷新率

三、简答题

1. 计算机故障的基本维修方法有哪几种？如何使用？

2. 主机的故障判断流程是什么？

3. 计算机故障处理要遵循哪些原则？

4. 元器件故障一般是由哪些原因引起的？

5. 简述主板开机电路的工作原理？

6. 硬盘常见故障有哪些？

7. 为什么硬盘的剩余空间不足可能导致死机？

8. 维修显示器需要注意什么？

9. 激光打印机的工作原理是什么？

10. 鼠标最常见的故障是什么？如何维修？